21 世纪高职高专计算机规划教材

计算机应用基础实训指导（第二版）

赵之眸　闫　坤　主　编

张文娟　主　审

中国铁道出版社有限公司
CHINA RAILWAY PUBLISHING HOUSE CO., LTD.

内 容 简 介

本书为《计算机应用基础教程（第二版）》的配套实训指导用书，采用"理论与实践"相结合的模式，配备了大量的实际案例。主要内容包括计算机基础知识、Windows 7 操作系统、文字处理软件 Word 2010、电子表格处理软件 Excel 2010、演示文稿制作软件 PowerPoint 2010、Internet 及其应用以及多媒体技术及其应用等。

本书适合作为高等院校计算机专业和非计算机专业计算机应用基础课程实训指导用书，也可作为计算机初学者和各类办公人员参加计算机基础等级考试的复习用书。

图书在版编目（CIP）数据

计算机应用基础实训指导/赵之晔，闫坤主编. —2 版. —北京：中国铁道出版社，2017.10（2020.9重印）
21 世纪高职高专计算机规划教材
ISBN 978-7-113-23347-1

Ⅰ.①计⋯　Ⅱ.①赵⋯ ②闫⋯　Ⅲ.①电子计算机-高等职业教育-教学参考资料　Ⅳ.①TP3

中国版本图书馆 CIP 数据核字（2017）第 235873 号

书　　　名：计算机应用基础实训指导（第二版）	
作　　　者：赵之晔　闫　坤	
策　　划：魏　娜	编辑部电话：（010）63549508
责任编辑：徐盼欣　贾淑媛	
编辑助理：祝和谊	
封面设计：付　巍	
封面制作：刘　颖	
责任校对：张玉华	
责任印制：樊启鹏	

出版发行：中国铁道出版社有限公司(100054,北京市西城区右安门西街 8 号)
网　　址：http://www.tdpress.com/51eds/
印　　刷：三河市航远印刷有限公司
版　　次：2012 年 9 月第 1 版　2017 年 10 月第 2 版　2020 年 9 月第 7 次印刷
开　　本：787 mm×1 092 mm　1/16　印张：8　字数：191 千
书　　号：ISBN 978-7-113-23347-1
定　　价：21.00 元

第二版前言

随着计算机技术的飞速发展，计算机、互联网和移动终端改变着人们的学习、工作和生活方式。同时，全国范围高中阶段教育的信息技术课程基本得到普及，学生已具备一定的计算机基本操作能力。因此，高职计算机公共课程的教学基础发生了变化，课程目标与课程定位需要适应新形势的发展。在进一步夯实学生计算机应用能力的同时，提高学生信息处理与分析能力，培养学生职业生涯所需要的信息素养成为新时期高职计算机公共课程的培养目标。

本书在第一版的基础上，从培养学生计算机操作能力的教学目标出发，针对教学对象的特点和变化，进行了大量的教学研究和实践探索。在编写过程中，从办公应用等工作任务出发，精选教学案例。为了配合主教材《计算机应用基础教程》（第二版）的讲授，打破了以往实训教程的编写习惯，突出学生自学能力，引导学生逐步学习，提升学生的学习兴趣。

本书共分为 7 章，主要内容包括：计算机基础知识、Windows 7 操作系统、文字处理软件 Word 2010、电子表格处理软件 Excel 2010、演示文稿制作软件 PowerPoint 2010、Internet 及其应用、多媒体技术及其应用（选修）等，每章设有若干个实验，每个实验均列出详细的实验过程。本书适合作为高等院校计算机专业和非计算机专业计算机应用基础课程实训指导用书，也可作为计算机初学者和各类办公人员参加计算机基础等级考试的复习用书。

本教程由天津机电职业技术学院信息技术应用系策划，赵之眸、闫坤主编。实验 1 由张蕊编写，实验 2 由何晶编写，实验 3 由闫坤编写，实验 4 由赵之眸编写，实验 5 由孙国栋编写，实验 6 由王伟夫编写，实验 7（选修）由徐正辉编写，最后由闫坤负责全书的统稿和总编，张文娟主审。

本书在编写过程中，得到了中国铁道出版社和编者所在单位——天津机电职业技术学院有关领导的大力支持，在此表示衷心感谢，同时对在编写过程中参考的大量文献资料的作者一并表示感谢。

由于时间仓促，加之编者水平有限，疏漏之处在所难免，欢迎读者和同行批评指正，恳请各位专家、老师和同学多提宝贵意见。

编　者
2017 年 6 月

第一版前言

近年来，随着计算机技术的日益发展及广泛应用，计算机应用技能已成为各行各业人才所必备的基本技能之一。计算机基础课程也早已成为各学科各专业学生必修的公共基础课。如何在短时间内提高学生计算机理论知识基础及实际操作能力，已成为各高职院校计算机课程改革的重要任务。因此，为了配合学院的计算机应用基础改革，更好地将课堂教学、课余练习及资格考试相结合，我们组织了具有丰富课堂教学经验的一线老师，编写了这本《计算机应用基础实训指导》。

本书根据高职院校计算机应用基础课程的实际教学需要，结合教学改革和应用实践编写而成。为了配合《计算机应用基础课程》的讲授及学院实际改革要求，本书打破了以往实训指导教材的编写习惯，突出学生的自学能力，将实训要求及实训报告有机地融合成一体，通过实际案例引导学生，逐步学习，提升学生的学习兴趣。全书共分为 6 大模块，共有 25 个任务。模块 1 计算机基础知识安排有 1 个任务；模块 2 计算机操作系统安排有 5 个任务；模块 3 信息检索和信息交流安排有 4 个任务；模块 4 文字处理软件的使用安排有 5 个任务；模块 5 电子表格的使用安排有 5 个任务；模块 6 制作演示文稿安排有 5 个任务。基本上与配套教材中内容做到一一对应，更方便老师组织教学及考察学生学习情况。

每个任务均列出详细步骤要求，并配有大量习题，适合作为高等院校计算机专业和非计算机专业计算机应用基础课程实训指导用书，也可作为计算机初学者和各类办公人员参加计算机基础等级考试的复习用书。

本实训指导由天津机电职业技术学院信息技术应用系策划，赵之眸、钱灵主编，刘鑫、王薇、胡婧、丁蕊参与编写。最后由赵之眸负责全书的组稿和统编，杭亦晨主审。

本书在编写过程中，得到了中国铁道出版社和编者所在单位——天津机电职业技术学院有关领导的大力支持，在此表示衷心感谢，同时对在编写过程中参考的大量文献资料的作者一并表示感谢。

由于时间仓促，加之编者水平有限，疏漏之处在所难免，欢迎读者和同行批评指正，恳请各位专家、老师和同学多提宝贵意见。

编　者
2012 年 6 月

目　录

第 1 章　计算机基础知识 1

实验 1-1　计算机的组成 1

实验 1-2　键盘介绍及指法练习 3

实验 1-3　汉字输入法练习 5

第 2 章　Windows 7 操作系统 7

实验 2-1　Windows 7 的启动/关闭、桌面设置、【运行】对话框的使用 7

实验 2-2　Windows 7 计算器、截图工具、记事本的使用 10

实验 2-3　文件及文件夹的创建 11

实验 2-4　文件及文件夹的搜索、复制、移动、删除 13

实验 2-5　文件及文件夹的重命名、修改属性和创建快捷方式 14

实验 2-6　Windows 7 对系统的基本管理 16

第 3 章　文字处理软件 Word 2010 19

实验 3-1　Word 2010 的工作界面与文档的基本编辑 19

实验 3-2　Word 2010 文档的基本格式设置 22

实验 3-3　Word 2010 文档的高级格式设置 26

实验 3-4　Word 2010 文档的页面设置 28

实验 3-5　Word 2010 图文混排 34

实验 3-6　Word 2010 表格的制作 40

实验 3-7　Word 2010 表格数据处理 45

实验 3-8　邮件合并 47

实验 3-9　长文档的编辑技巧 50

实验 3-10　Word 2010 综合实训 54

第 4 章　电子表格处理软件 Excel 2010 57

实验 4-1　Excel 2010 工作表的编辑与格式设置 57

实验 4-2　Excel 2010 填充、公式、函数、计算的基本操作 61

实验 4-3　Excel 2010 排序、筛选、分类汇总等的数据处理 70

实验 4-4　Excel 2010 图表、数据透视表的制作 76

第 5 章　演示文稿制作软件 PowerPoint 2010 85

实验 5-1　PowerPoint 2010 演示文稿的基本操作 85

实验 5-2　PowerPoint 2010 幻灯片的效果设置 90

实验 5-3　PowerPoint 2010 的高级操作 92

第 6 章　Internet 及其应用 97

实验 6-1　Windows 7 IP 地址的配置及网络设置 97

实验 6-2　IE 浏览器的使用 101

实验 6-3　电子邮件的使用 104

实验 6-4　FTP 服务器的使用 107

实验 6-5　搜索引擎与数据检索的使用 109

第 7 章　多媒体技术及其应用（选修） 112

实验 7-1　用 Photoshop 制作一英寸照片 112

实验 7-2　用 Photoshop 对图片进行简单处理 114

实验 7-3　视频观看与浏览图片 116

实验 7-4　声音的处理 118

实验 7-5　视频的处理 120

第 1 章 | 计算机基础知识

实验 1–1 计算机的组成

【实验目的】

（1）了解微型计算机主机外部开关、指示灯和常用接口。

（2）了解主机外部接口的作用和连接方法。

（3）了解各种接口对应的接头。

【实验内容】

（1）查看主机前面板上的所有开关、指示灯和接口，确认其功能。

（2）查看主机后面板上的各种接口并确认其功能。

（3）插拔主机上各种接口，了解各种接口及其对应接头的形状和连接方向。

【实验过程】

（1）观察实验室所使用的计算机主机，参考图 1–1，在前面板上找到电源开关、指示灯、光驱、前置 USB 接口和前置音频接口等。

图 1–1 主机前面板接口示意图

① 主机开机按钮：一般位于主机前面板或前面板顶端，按钮上通常会有 ⏻ 形状的标志，或者开关附近有"Power"字样。

② Reset 按钮：按下 Reset 按钮后主机将重新启动（冷启动）。Reset 按钮一般位于开机按钮附近，尺寸较小且内嵌在面板上，以防止误触碰，有些计算机设计成小孔，现在的品牌机通常不设置 Reset 按钮。

③ 主机指示灯：主机前面板通常至少有电源工作指示灯和硬盘工作指示灯，电源工作指示灯在开机状态下正常应该为绿色（有些主机设计为蓝色），如呈现红色或者黄色，表示主机有故障，有些主机电源指示灯设计为和主机开关按钮一体；硬盘工作指示灯通常为红色闪烁（也有设计为其他颜色），表示系统正在从硬盘读写数据，灯的闪烁情况由硬盘工作情况来决定。

④ 光驱弹出开关：一般位于光驱的右下角，用于光驱托盘的弹出和收回。随着网络和 USB 存储设备的发展，光驱已经不是计算机主机的标配。

⑤ 前置 USB 接口和音频接口：与后置功能相同，前置便于用户连接移动设备和耳机等。

（2）参考图 1-2，在主机后面板找到电源接口、PS/2 键盘和鼠标接口、USB 接口、显示输出接口、网线接口（RJ-45）、串行接口、并行接口、音频接口。

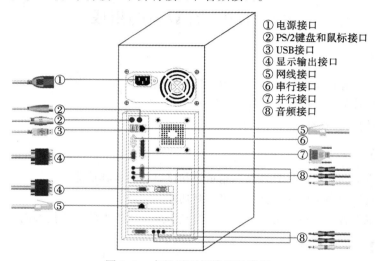

① 电源接口
② PS/2键盘和鼠标接口
③ USB接口
④ 显示输出接口
⑤ 网线接口
⑥ 串行接口
⑦ 并行接口
⑧ 音频接口

图 1-2　主机后面板接口示意图

① 电源接口：主机上电源接口为品字形三针接口，电源接口对应电源接头输入的是 220 V 交流电，在使用时注意防止触电；在连接计算机的各种接口时应当最后连接电源接口，在使用计算机过程中也要把电源接口放置在安全且不易触碰的方位。

② PS/2 键盘和鼠标接口：后面板有两个并排的圆形 6 芯接口，紫色连接键盘，绿色连接鼠标，PS/2 接口可以与 USB 接口相互转换，即 PS/2 接口设备可以转换为 USB 接口，USB 接口设备也可以转换为 PS/2 接口。随着 USB 接口键盘和鼠标的广泛使用，现在有些计算机不再配置 PS/2 接口。注意：PS/2 接口设备不支持热插拔，强行带电插拔有可能烧毁主板。

③ USB 接口：当前的微型计算机一般采用 USB 2.0 和 USB 3.0 标准，采用一种 4 针的标准接口（USB 3.0 标准为 9 针），形状为扁矩形，内部的一侧有扁形实体部分，实体部分上有 4 个引脚触片，如图 1-3 所示。USB 接口支持设备的即插即用和热插拔功能。

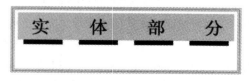

图 1-3　USB 接口

④ 显示输出接口：常见的是一种 D 形接口，外形为蓝色的梯形，竖看像一个大写字母 D，称为 D-Sub（D-Subminiature）接口或 VGA（Video Graphics Adapter）接口，上面共有 15 针孔，分成 3 排，每排 5 个。近些年来随着数字化显示设备的发展而发展起来一种 DVI（Digital Visual Interface，数字视频）接口，现在的液晶显示器广泛采用此接口，外形为白色梯形，比 VGA 接口稍大。DVI 接口支持即插即用和热插拔。DVI 接口又分为 DVI-D 和 DVI-I 两种，可以从接口的插孔上区分两种接口。

⑤ 网线接口（RJ-45）：是一种矩形接口，一侧为 8 芯引脚，一侧为"凸"形防脱落卡扣，与之对应的网线插头为矩形 RJ-45 水晶头，一侧为 8 芯触片，一侧为防脱落卡扣。

⑥ 串行接口：为蓝色梯形 9 针接口（一层 5 针，一层 4 针），用于连接一些外围设备。早期主要用于连接鼠标，现在主要用于计算机通过串口连接控制其他设备，例如交换机等网络设备。

⑦ 并行接口：为蓝色梯形 25 针接口（一层 12 针，一层 13 针），同样用于连接外围设备，主要用于连接打印机和绘图仪。这种接口一般被称为打印机接口或 LPT 接口，现在打印机已经普遍使用 USB 接口，但台式机通常也标配这种接口。

⑧ 音频接口：计算机上使用的音频接口是一种 3.5 mm 接口，一般主机后面板有 3 个音频接口，分别为音频输入、音频输出和麦克风接口。通常音频输入接口为蓝色，音频输出接口为绿色，麦克风接口为红色。

（3）有条件的情况下可插拔各种接口，查看各种接口与之对应接头的形状和连接方向。连接接口时注意接口的方向，除音频接口外其他接口都只能沿固定方向连接。在不确定接口是否可以热插拔时，必须先关闭计算机主机，必要时切断主机电源。实验室机房的主机一般都为统一配置，插拔后需把所有接头插回原接口。

实验 1-2　键盘介绍及指法练习

【实验目的】

（1）熟悉键盘上所有字符的位置。

（2）掌握 26 个英文字母和部分标点符号的输入指法。

（3）熟悉各种功能键的使用和常用系统快捷键。

【实验内容】

（1）观察实验室计算机所使用的键盘，在主键盘区依次找到 26 个英文字母和各种功能键，熟悉各种按键的分布区域。

（2）按照键盘指法在记事本中依次输入 26 个英文字母和 0～9。

（3）按【Enter】键换行，输入以下字符和标点符号：

@, ([%\]$'> ^+&!; _"/=- :|*)~ ?`{#} .<$&, #<:-_]~;=. *(|+) \'/@{ !%>`` ?},["

（4）按【Enter】键换行，严格按照指法输入以下英文短文。

I was not delivered unto this world in defeat, nor does failure course in my veins. I am not a sheep waiting to be prodded by my shepherd. I am a lion and I refuse to talk, to walk, to sleep with the sheep. I will hear not those who weep and complain, for their disease is contagious. Let them join the sheep. The slaughterhouse of failure is not my destiny.

　　Henceforth, I will consider each day's effort as but one blow of my blade against a mighty oak. The first blow may cause not a tremor in the wood, nor the second, nor the third. Each blow, of itself, may be trifling, and seem of no consequence. Yet from childish swipes the oak will eventually tumble. So it will be with my efforts of today.

　　（5）利用输入的内容练习使用各种功能键和系统快捷键。

【实验过程】

　　（1）在键盘上依次找到 26 个英文字母和常用的标点符号的位置，以及各种功能键的位置，大致了解主键盘区的分布。按键的分布不必死记硬背，在以后的练习中逐渐熟悉。

　　（2）单击【开始】按钮，选择【所有程序】→【附件】→【记事本】命令，打开记事本程序，在记事本中依次输入 26 个英文字母和数字 0～9 后按【Enter】键换行，重复输入 26 个英文字母，直至能准确快速地输入每个字母。注意：输入过程无须追求输入速度，严格按照键盘指法输入，不要看键盘，按键位置和指法如图 1-4 所示。

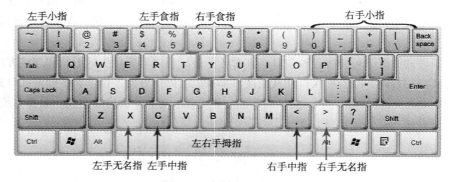

图 1-4　主键盘对应指法

　　（3）按【Enter】键换行，录入实验内容中要求的字符和标点符号。输入上挡符号时，应按住【Shift】键不放，再按下字符键，同时也应按照指法输入。

　　（4）录入英文短文。

　　按【Enter】键换行，录入英文短文。在输入过程中严格按照指法输入，不要看键盘，应一直看原稿，纯英文的输入不需看屏幕。大写字母的输入使用空闲手的小指按住【Shift】键不松手，再按照指法按字母键，例如：输入大写字母 "H"，使用左手小指按住【Shift】键不放，右手食指按【H】键。

　　打字的速度和准确性需要重复练习并坚持正确的指法才能提高，可使用各种打字练习软件进行循序渐进的练习，例如 "金山打字通" 等。

　　（5）利用录入的内容，练习使用键盘功能键和常用快捷键【Ctrl+A】、【Ctrl+C】、【Ctrl+X】、【Ctrl+V】等，尝试将光标移动功能键与【Shift】或【Ctrl】键组合起来使用，尝试过程中注意光标位置和选中文本的区域。

实验 1-3　汉字输入法练习

【实验目的】

（1）掌握至少一种汉字输入法的使用方法。

（2）熟练使用快捷键打开、关闭、切换汉字输入法。

（3）掌握软键盘的使用。

（4）掌握在汉字输入法状态下的中英文混合输入。

【实验内容】

（1）在记事本中使用"微软拼音–简捷 2010"输入法，输入以下内容。

莫言，原名管谟业，1955 年 2 月 17 日生，祖籍山东高密，第一个获得诺贝尔文学奖的中国籍作家。他自 20 世纪 80 年代以一系列乡土作品崛起，充满着"怀乡"的复杂情感，被归类为"寻根文学"作家。他的《红高粱》是 20 世纪 80 年代中国文坛的里程碑之作，已经被翻译成 20 多种文字在全世界发行。

（2）使用快捷键切换到"微软拼音–新体验 2010"输入法，继续输入以下内容。

诺贝尔文学奖评委会主席佩尔·韦斯特伯格说："在我作为文学院院士的 16 年里，没有人能像他的作品那样打动我，他充满想象力的描写令我印象深刻。目前仍在世的作家中，莫言不仅是中国最伟大的作家，也是世界上最伟大的作家。"

（3）使用软键盘输入以下内容。

①②③④⑤⑥⑦⑧⑨⑩★◆■▲※《》±≠∑∈≌

（4）选择一个合适的输入法输入以下内容。

诺奖评委会前主席谢尔·埃斯普马克说："我们用的词是 Hallucinationary Realism，而避免使用 'Magic Realism'（魔幻现实主义）这个词，因为这个词已经过时了。魔幻现实主义这个词会让人们错误地将莫言和拉美文学联系在一起。当然，我不否认莫言的写作确实受到了马尔克斯的影响，但莫言的'幻觉现实主义'（Hallucinationary Realism）是从中国古老的叙事艺术当中来的，比如中国的神话、民间传说，例如蒲松龄的作品。

"他将中国古老的叙事艺术与现代的现实主义结合在一起。所以我们需要讨论马尔克斯、君特·格拉斯——例如《铁皮鼓》的影响，但我个人认为马尔克斯和格拉斯的影响不是直接的，他们真正的重要性在于让中国式的故事讲述方式变得合法了，他们让中国作家知道可以利用自己的传统艺术写作。""所以我想，将虚幻的与现实的结合起来是莫言自己的创造，因为将中国的传统叙事艺术与现代的现实主义结合起来，是他自己的创造。"

【实验过程】

（1）单击【开始】按钮，选择【所有程序】→【附件】→【记事本】命令，打开记事本程序，使用快捷键【Ctrl+Space】打开输入法。用快捷键【Ctrl+Shift】切换到"微软拼音–简捷 2010"输入法，在状态栏的语言栏上出现微软拼音输入法的状态条，状态条各个按钮如图 1-5 所示，即可开始输入。以词为单位依次输入汉字拼音对应的字母，按对应的数字键即可在输入界面中选择词或字，直接按下空格选择第一个词或字，如果没有所需词或字，按【PageDown】键向下翻页直到找到所需词或字，如图 1-6 所示。注意：文中所有标点符号均为中文标点符号。

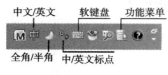

图 1-5　微软拼音–简捷 2010 　　　　　　　图 1-6　微软拼音–简捷选字界面

（2）按【Enter】键插入新段落，按快捷键【Ctrl+Shift】切换到"微软拼音–新体验 2010"输入法，输入短文。"微软拼音–新体验 2010"的使用方法和"微软拼音–简捷 2010"基本相同，不同之处在于新体验使用句的方式转换，可以整句地输入拼音，输入法会自动转换输入的词，在整句输入结束后，用左右方向键定位修改选择。输入的内容将以蓝色显示，有虚线下画线的部分为【组字窗口】，实线下画线部分为【拼音窗口】，如图 1-7 所示。注意：当整句都选择转换后输入的内容并没有传递给记事本，按【Enter】键或者空格确认输入，输入内容才传递给记事本。文中"佩尔·韦斯特伯格"的间隔符用【Shift+2】组合键输入。

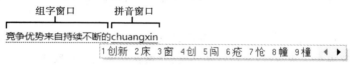

图 1-7　微软拼音–新体验 2010

（3）按【Enter】键插入新段落，单击输入法状态条【软键盘】按钮，选择【数字序号】，打开【数字序号】软键盘，单击软键盘上的【Shift】按钮，再依次单击软键盘上对应的按键输入"①②③④⑤⑥⑦⑧⑨⑩"，或者按住键盘上的【Shift】键，按对应的键盘字母；选择【特殊符号】软键盘，输入"★◆■▲※"；选择【数学符号】软键盘，输入"≮≯±≠∑∈≌"。单击软键盘右上角的【×】按钮关闭软键盘。

（4）选择一种中文输入法输入短文，如果没有熟悉的输入法，建议使用"微软拼音–简捷 2010"。在输入过程中，英文标点符号的输入，按【Ctrl+.】组合键切换到英文标点符号状态输入，或者按【Shift】键切换中文/英文输入状态，切换到英文状态输入英文标点符号，使用"微软拼音–简捷 2010"输入法输入英文时，可在中文状态下直接输入英文单词，按【Enter】键确认输入的英文。要想提高自己的输入效率，应严格按照指法进行输入且坚持不看键盘，在中英文混合输入时熟练使用快捷键来切换状态，可有效地提高速度。

第 2 章 ‖ Windows 7 操作系统

实验 2–1　Windows 7 的启动/关闭、桌面设置、【运行】对话框的使用

【实验目的】

（1）掌握 Windows 7 的启动与关闭。

（2）掌握 Windows 7 的桌面设置。

（3）掌握 Windows 7【运行】对话框的使用。

【实验内容】

（1）在 Windows 7 操作系统中，使用【开始】菜单对系统进行关机、重启等操作。

（2）对 Windows 7 操作系统进行个性化设置。

① 设置桌面分辨率为 1 024×768 像素。

② 设置 Aero 主题为"人物"。

③ 设置屏幕保护程序为"变幻线"，"等待"1 分钟。

（3）在【开始】菜单中添加【运行】命令。

（4）在【开始】菜单的【运行】中执行"cmd"命令，打开【命令提示符】窗口，在【命令提示符】窗口中执行"dir"命令。

【实验过程】

（1）启动计算机，进入 Windows 7 操作系统。单击屏幕左下角的【开始】按钮，在【开始】菜单中的右下角便能看到【关机】按钮，单击【关机】按钮右侧的小三角按钮，在弹出的菜单中可以选择【切换用户】、【注销】、【锁定】、【重新启动】、【睡眠】命令，如图 2-1 所示。

（2）对 Windows 7 操作系统进行个性化设置。

① 右击 Windows 7 桌面的空白区域，在弹出的快捷菜单中选择【屏幕分辨率】命令。在打开的【屏幕分辨率】窗口（见图 2-2）中，单击【分辨率】右侧的按钮，在弹出区域中拖动滑块，调整到"1024×768"，单击【确定】按钮。

图 2-1 【开始】菜单

图 2-2 【屏幕分辨率】窗口

② 在 Windows 7 桌面的空白区域右击，在弹出的快捷菜单中选择【个性化】命令，打开【个性化】窗口，如图 2-3 所示，选择 Aero 主题中的"人物"主题。

③ 在【个性化】窗口中，单击右下角的【屏幕保护程序】超链接（或图标），在打开的【屏幕保护程序设置】对话框中，单击【屏幕保护程序】下拉列表框，选择"变幻线"选项，【等待】设置为 1 分钟，如图 2-4 所示，单击【预览】按钮，预览屏幕保护程序效果，单击【确定】按钮，关闭【屏幕保护程序设置】对话框。

图 2-3　【个性化】窗口

图 2-4　【屏幕保护程序设置】对话框

（3）右击【开始】按钮，在弹出的快捷菜单中选择【属性】命令，在打开对话框的【「开始」菜单】选项卡中单击【自定义】按钮，打开【自定义「开始」菜单】对话框，选择【运行命令】复选框，如图 2-5 所示，单击【确定】按钮，返回【任务栏和「开始」菜单属性】对话框，单击【确定】按钮。

（4）单击【开始】按钮，在【开始】菜单中选择【运行】命令，在弹出的【运行】对话框中输入"cmd"，单击【确定】按钮即打开【命令提示符】窗口。在【命令提示符】窗口中输入"dir"，按【Enter】键执行命令，显示当前目录下的文件及文件夹，如图 2-6 所示。

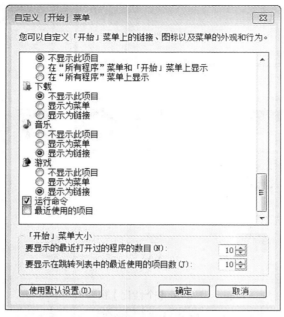

图 2-5 【自定义「开始」菜单】对话框

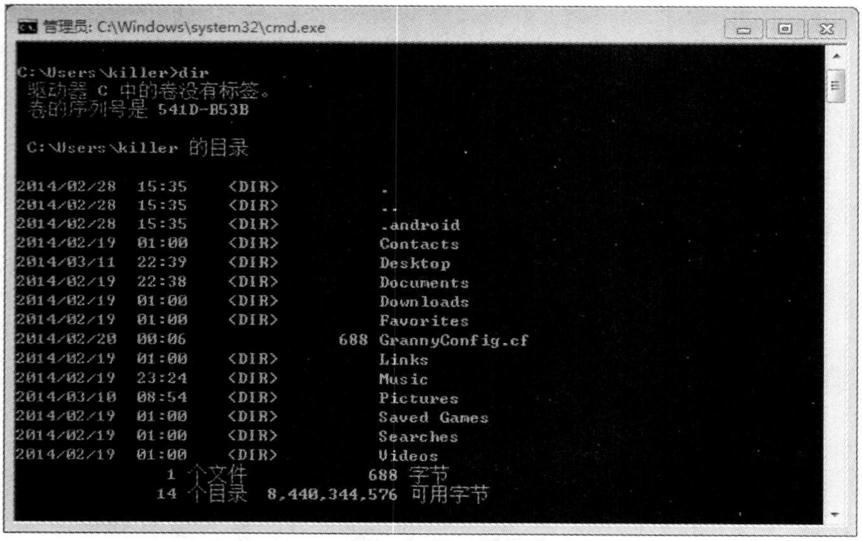

图 2-6 "dir"命令显示结果

实验 2—2　Windows 7 计算器、截图工具、记事本的使用

【实验目的】

（1）掌握 Windows 7 计算器的使用方法。

（2）掌握 Windows 7 截图工具的操作方法。

（3）掌握 Windows 7 记事本的使用方法。

【实验内容】

（1）使用系统工具"计算器"将十进制数 1325 转化成二进制数。

（2）将计算结果窗口截图，以"jieguo.jpg"为文件名保存到 C 盘根目录下。

（3）录入任意一段文字到记事本中，设置其自动换行，以"lianxi.txt"为文件名保存到 C 盘根目录下。

【实验过程】

（1）单击【开始】按钮，选择【所有程序】→【附件】→【计算器】命令。打开【计算器】程序窗口，选择【查看】→【程序员】命令。输入十进制的"1325"，然后单击【二进制】单选按钮，即可显示结果，如图 2-7 所示。

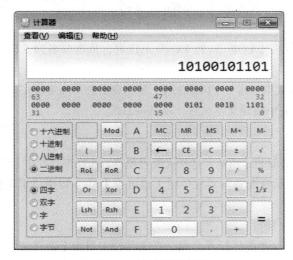

图 2-7　计算结果窗口

（2）按【Alt+PrintScreen】组合键，对当前活动窗口进行屏幕截图，单击【开始】按钮，选择【所有程序】→【附件】→【画图】命令，打开【画图】程序并新建无标题文件，按【Ctrl+V】组合键，将截屏的图片粘贴到窗口中，选择【画图】→【另存为】→【JPEG 图片】命令，弹出【保存为】对话框，在【文件名】文本框中输入"jieguo"，保存位置为 C 盘，单击【确定】按钮。

（3）单击【开始】按钮，选择【所有程序】→【附件】→【记事本】命令，任意录入一段文字，选择【格式】→【自动换行】命令，再选择【文件】→【另存为】命令，以"lianxi.txt"为文件名保存到 C 盘中。

实验 2-3　文件及文件夹的创建

【实验目的】

（1）熟悉资源管理器界面。

（2）掌握 Windows 7 文件夹的创建。

（3）掌握 Windows 7 指定类型文件的创建。

【实验内容】

（1）设置资源管理器的菜单栏始终显示。

（2）在 C 盘中创建图 2-8 所示的树形文件夹结构（本章后续实验如无说明都是在 master 文件夹下操作）。

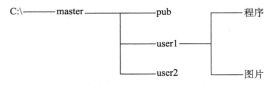

图 2-8　树形文件夹结构

（3）在"user1"文件夹中创建 3 个 Word 文档，依次命名为"word1.docx""word2.docx""word3.docx"。

（4）在"user2"文件夹中创建 3 个 Excel 工作表，依次命名为"Excel1.xlsx""Excel2.xlsx""Excel3.xlsx"。

（5）在"图片"文件夹中创建 3 个位图文件，依次命名为"pic1.bmp""pic2.bmp""pic3.bmp"。

（6）在"pub"文件夹中创建文本文件"readme.txt"。

【实验过程】

（1）双击桌面上的【计算机】图标，打开资源管理器，选择工具栏中【组织】→【布局】→【菜单栏】命令，即可始终显示资源管理器菜单栏（也可按【Alt】键激活菜单栏）。

（2）创建文件夹。

① 创建"master"文件夹。

在资源管理器中双击 C 盘图标打开 C 盘，在工具栏中单击【新建文件夹】按钮（或在工作区空白处右击，在弹出的快捷菜单中选择【新建】→【文件夹】命令），资源管理器工作区出现"新建文件夹"，此时"新建文件夹"处于重命名状态，且文字已被选中，输入"master"，按【Enter】键确定。

② 创建"pub""user1""user2"文件夹。

打开"master"文件夹，在"master"文件夹下用上述方法依次创建"pub""user1""user2"文件夹。

③ 创建"程序"和"图片"文件夹。

在"user1"文件夹下，依次创建"程序"和"图片"文件夹。

（3）打开"user1"文件夹，选择【文件】→【新建】→【Microsoft Word 文档】命令，此时工作区出现"新建 Microsoft Word 文档.docx"文件，文件处于重命名的状态，删除文件主名部分"新建 Microsoft Word 文档"，输入"word1"，注意保留扩展名部分".docx"，按【Enter】键确定。用同样方法创建"word2.docx""word3.docx"。

注意：如果系统不显示扩展名，可选择菜单栏【工具】→【文件夹选项】命令，打开【文件夹选项】对话框，在【查看】选项卡中的【高级设置】列表框中取消选择【隐藏已知文件类型的扩展名】复选框，单击【确定】按钮关闭对话框，此时即能显示所有文件的扩展名。

（4）打开"user2"文件夹，选择【文件】→【新建】→【Microsoft Excel 工作表】命令，创建 Excel 工作表，命名为"Excel1.xlsx"，以同样方法创建"Excel2.xlsx""Excel3.xlsx"。

（5）打开"图片"文件夹，选择【文件】→【新建】→【BMP 文件】命令，创建位图文件，命名为"pic1.bmp"，以同样方法创建"pic2.bmp""pic3.bmp"。

（6）打开"pub"文件夹，选择【文件】→【新建】→【文本文档】命令，创建文本文件"readme.txt"。

实验 2-4　文件及文件夹的搜索、复制、移动、删除

【实验目的】

（1）掌握 Windows 7 文件的搜索操作。

（2）掌握 Windows 7 文件及文件夹的复制、移动、删除操作。

【实验内容】

此实验在实验 2-3 完成基础上操作。

（1）在"C:\Windows\System32"下搜索"calc.exe"文件，将搜索到的文件复制到"程序"文件夹下。

（2）将"pub"文件夹下的"readme.txt"文件复制到"user1"文件夹下。

（3）将"user2"文件夹移动到"user1"文件夹下。

（4）在"master"文件夹中搜索所有扩展名为".bmp"的文件，并将其移动到"user2"文件夹下。

（5）在"master"文件夹中搜索所有文件名以"1"结尾的文件，并将其复制到"pub"文件夹下。

（6）删除"pub"文件夹下的"readme.txt"文件。

（7）删除"user1"文件夹下的"图片"文件夹。

【实验过程】

（1）搜索并复制文件。

打开 C:\Windows\System32 文件夹，在【资源管理器】窗口的右上角搜索框中输入"calc.exe"，系统将自动搜索文件，右击选中搜索到的"calc.exe"文件，在弹出的快捷菜单中选择【复制】命令，然后打开实验 2-3 中创建的"程序"文件夹，在空白区域右击，在弹出的快捷菜单中选择【粘贴】命令。

（2）复制文件。

打开实验 2-3 中创建的"pub"文件夹，右击"readme.txt"文件，在弹出的快捷菜单中选择【复制】命令，然后打开"user1"文件夹，在空白区域右击，在弹出的快捷菜单中选择【粘贴】命令，将"readme.txt"文件复制到"user1"文件夹下。也可在按住【Ctrl】键的同时拖动文件到指定位置，完成复制操作。

（3）移动文件夹。

在"master"文件夹中右击"user2"文件夹，在弹出的快捷菜单中选择【剪切】命令，然后

打开"user1"文件夹，在空白区域右击，在弹出的快捷菜单中选择【粘贴】命令。也可在按住【Shift】键的同时拖动文件夹到指定位置，完成移动操作。

（4）搜索所有扩展名为".bmp"的文件。

打开 C 盘下的"master"文件夹，在【资源管理器】窗口的右上角搜索框中输入"*.bmp"，系统将自动搜索文件。选中全部搜索到的文件并右击，在弹出的快捷菜单中选择【剪切】命令，打开"user2"文件夹，在空白区域右击，在弹出的快捷菜单中选择【粘贴】命令。

（5）搜索所有文件名以"1"结尾的文件。

打开 C 盘下的"master"文件夹，在【资源管理器】窗口的右上角搜索框中输入"*1.*"，系统将自动搜索文件。选中全部搜索到的文件并右击，在弹出的快捷菜单中选择【复制】命令，打开"pub"文件夹，在空白区域右击，在弹出的快捷菜单中选择【粘贴】命令。

（6）删除文件。

在"pub"文件夹中右击"readme.txt"文件，在弹出的快捷菜单中选择【删除】命令，将"readme.txt"文件放入"回收站"中。

注意：按【Shift+Delete】组合键可永久性地删除文件。回收站中的文件是可以还原的。

（7）删除文件夹。

在"user1"文件夹中右击"图片"文件夹，在弹出的快捷菜单中选择【删除】命令，将"图片"文件夹放入"回收站"中。

实验 2-5　文件及文件夹的重命名、修改属性和

创建快捷方式

【实验目的】

（1）掌握 Windows 7 文件及文件夹的重命名。

（2）掌握 Windows 7 修改文件属性的方法。

（3）掌握 Windows 7 创建文件快捷方式的方法。

【实验内容】

此实验在实验 2-4 基础上完成操作。

（1）将"pub"文件夹重命名为"backup"。

（2）为"user1"文件夹下的所有".docx"文件建立副本，并批量重命名为"我的日记(1).docx"～"我的日记 (6).docx"。

（3）将"backup"文件夹的属性设置为"隐藏"，且文件夹内文件和文件夹不隐藏。

（4）在"user2"文件夹下创建快捷方式，指向"程序"文件夹下的"calc.exe"，快捷方式命名为"计算器"。

【实验过程】

（1）在"master"文件夹中右击"pub"文件夹，在弹出的快捷菜单中选择【重命名】命令，

输入"backup"，按【Enter】键。

（2）批量重命名。

在"user1"文件夹中，选中所有".docx"文件后右击，在弹出的快捷菜单中选择【复制】命令，然后在空白区域右击，在弹出的快捷菜单中选择【粘贴】命令。选中所有".docx"文件后右击，在弹出的快捷菜单中选择【重命名】命令，输入"我的日记"，按【Enter】键，所有文件将重命名为"我的日记 (1).docx"～"我的日记 (6).docx"。

（3）设置文件夹隐藏属性。

在"master"文件夹中，右击"backup"文件夹，在弹出的快捷菜单中选择【属性】命令，在打开的【属性】对话框中，勾选【隐藏】复选框，单击【确定】按钮，弹出【确认属性更改】对话框，选中【仅将更改应用于此文件夹】单选按钮，单击【确定】按钮，完成设置。

（4）创建快捷方式。

方法一：在"程序"文件夹中，右击"calc.exe"文件，在弹出的快捷菜单中选择【复制】命令，然后打开"user2"文件夹，在空白区域右击，选择【粘贴快捷方式】命令，创建名为"calc.exe-快捷方式"的快捷方式，将其重命名为"计算器"（注意：快捷方式扩展名".lnk"一般不显示）。

方法二：在"user2"文件夹中的空白区域右击，在弹出的快捷菜单中选择【新建】→【快捷方式】命令，打开【创建快捷方式】对话框，如图 2-9 所示，单击【浏览】按钮，选中"程序"文件夹下的"calc.exe"文件，单击【下一步】按钮，输入快捷方式的名称为"计算器"，单击【完成】按钮。

图 2-9　【创建快捷方式】对话框

方法三：按住【Alt】键的同时拖动"calc.exe"文件到"user2"文件夹中，再将其重命名为"计算器"。

实验 2-6　Windows 7 对系统的基本管理

【实验目的】

（1）熟悉对用户的管理。

（2）掌握对时间和输入法的管理。

【实验内容】

（1）创建一个名为"own"的标准用户，将用户密码设置为"Secret"，并更改账户图片。

（2）将系统的"电源选项"设置为"节能"，设置关闭显示器时间为"从不"，使计算机进入睡眠状态时间为"1 小时"。

（3）对系统时间进行修改。

（4）添加"微软拼音 ABC 输入风格"输入法，再将其删除。

【实验过程】

（1）创建用户，并修改密码和账户图片。

① 选择【开始】→【控制面板】命令，打开【控制面板】窗口，如图 2-10 所示，单击【用户账户和家庭安全】→【添加或删除用户账户】超链接，打开【管理账户】窗口，单击【创建一个新账户】超链接，在打开的【创建新账户】窗口中，新建账户名为"own"的标准用户，单击【创建账户】按钮，返回到【管理账户】窗口。

图 2-10　【控制面板】窗口

② 在【管理账户】窗口中，单击"own"标准用户，打开【更改账户】窗口，如图 2-11 所示，单击【创建密码】超链接，在【新密码】和【确认新密码】文本框中输入相同的密码"Secret"（注意密码区分字母大小写），单击【创建密码】按钮，返回到【更改账户】窗口。

③ 在【更改账户】窗口中，单击【更改图片】超链接，打开【选择图片】窗口，可以选择内置图片或通过【浏览更多图片】超链接选择其他图片，将其设置为账户图片，图片将显示在欢迎屏幕和【开始】菜单。

图 2-11　【更改账户】窗口

（2）打开【控制面板】窗口，单击【硬件和声音】超链接，打开【硬件和声音】窗口，单击【电源选项】超链接，打开【电源选项】窗口，单击【节能】单选按钮，再单击【节能】单选按钮右侧的【更改计划设置】超链接，打开【编辑计划设置】窗口，设置【关闭显示器】的时间为"从不"，设置【使计算机进入睡眠状态】的时间为"1 小时"，如图 2-12 所示，单击【保存修改】按钮。

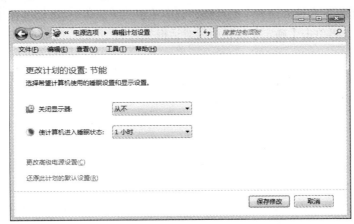

图 2-12　【编辑计划设置】窗口

（3）单击桌面右下角的系统时间，在打开的窗口中单击【更改日期和时间设置】超链接，打开【日期和时间】对话框，如图 2-13 所示，单击【更改日期和时间】按钮，打开【日期和时间设置】对话框，对系统时间进行修改，单击【确定】按钮，返回【日期和时间】对话框，单击【确定】按钮完成设置。

（4）输入法的添加及删除。

① 在【控制面板】窗口中，单击【时钟、语言和区域】→【更改键盘或其他输入法】超链接，打开【区域和语言】对话框，单击【更改键盘】按钮，打开【文本服务和输入语言】对话框，单击【添加】按钮，打开【添加输入语言】对话框，展开【中文（简体，中国）】，勾选【中文（简

体）- 微软拼音 ABC 输入风格】复选框，单击【确定】按钮，返回【文本服务和输入语言】对话框中，单击【确定】按钮。此输入法将添加到语言栏中，单击语言栏查看其效果，如图 2-14 所示。

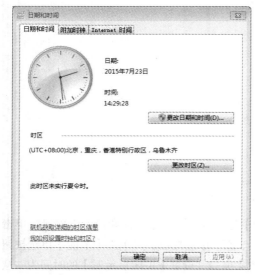

图 2-13 【日期和时间】对话框

图 2-14 语言栏

② 打开【文本服务和输入语言】对话框，选中【中文（简体）-微软拼音 ABC 输入风格】，单击【删除】按钮，再单击【确定】按钮关闭对话框。

第 3 章 ‖ 文字处理软件 Word 2010

实验 3-1　Word 2010 的工作界面与文档的基本编辑

【实验目的】

（1）掌握 Word 2010 的启动和退出。

（2）熟悉 Word 2010 的工作界面及设置。

（3）掌握 Word 选项的基本设置。

（4）掌握文档的创建、保存、打开及关闭操作。

（5）掌握文本内容的选定、复制、移动及删除等基本编辑操作。

（6）掌握特殊字符的插入方法。

（7）掌握简单的查找和替换操作。

（8）掌握文档属性的设置。

【实验内容】

（1）启动 Word 2010，设置工作界面。

启动 Word 2010，将【新建】、【保存】和【另存为】命令添加到快速访问工具栏中。

（2）Word 选项基本设置。

修改 Word 选项中的用户信息，用户名为"机电学院"，缩写为"jdxy"。

（3）打开 Word 文档。

打开素材文件夹中的"美丽的校园.docx"文档。

（4）文本内容的选定、复制及粘贴。

将"美丽的校园之我见.docx"文档中全部内容复制到"美丽的校园.docx"文档的最后，仅保留文本。

（5）文本内容的移动。

将"美丽的校园"和"美丽的校园之我见"部分（包括其后的内容段落）互换位置。

（6）插入特殊符号。

在标题前后分别插入特殊符号"&so""c8"。

（7）替换操作。

① 将文中"老师"替换为"师长"。

② 删除文章中所有空格。

③ 删除文章中所有空行。

（8）设置文档属性。

将文档属性中的标题设置为"我爱美丽的校园"。

（9）另存文档，退出 Word 2010。

将文档另存为"我爱美丽的校园 3-1 完成.docx"，退出 Word 2010。

【实验过程】

（1）启动 Word 2010，设置工作界面。

单击【开始】按钮，选择【所有程序】→【Microsoft Office】→【Microsoft Word 2010】命令，启动 Word 2010；单击快速访问工具栏右侧的下拉按钮，在弹出的菜单中选择【新建】和【保存】命令，再选择【其他命令】，打开【Word 选项】对话框，此时自动定位在【快速访问工具栏】选项卡中，在左侧的【从下列位置选择命令】下拉列表框中选择【"文件"选项卡】，下面的命令列表中选择【另存为】，单击【添加】按钮，将"另存为"命令添加到右侧列表框中，单击【确定】按钮，完成快速访问工具栏的设置。

（2）Word 选项基本设置。

选择【文件】→【选项】命令，打开【Word 选项】对话框，在【常规】选项卡中【用户名】文本框中输入"机电学院"，【缩写】文本框中输入"jdxy"，如图 3-1 所示，单击【确定】按钮。

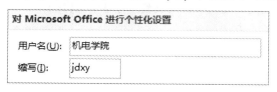

图 3-1　"用户信息"设置

（3）打开 Word 文档。

选择【文件】→【打开】命令，在【打开】对话框中选中文件"美丽的校园.docx"，单击【打开】按钮，完成打开文件的操作。（也可在 Windows 资源管理器中双击文件打开。）

（4）文本内容的选定、复制及粘贴。

打开"美丽的校园之我见.docx"文档，单击【开始】选项卡→【编辑】组→【选择】按钮，在下拉列表中选择【全选】命令（或按快捷键【Ctrl+A】）；单击【开始】选项卡→【剪贴板】组→【复制】按钮（或在选中的文本区域内右击，在弹出的快捷菜单中选择【复制】命令，或按快捷键【Ctrl+C】），就可以将选中内容复制到剪贴板；切换到"美丽的校园.docx"文档，将光标定位到文档的最后，按【Enter】键，产生一个新的段落，单击【开始】选项卡→【剪贴板】组→【粘贴】按钮下的下拉按钮，在【粘贴选项】中单击【只保留文本】按钮 （或在要插入的光标位置右击，在弹出的快捷菜单中选择【粘贴选项】→【只保留文本】命令）。

（5）文本内容的移动。

选中"美丽的校园"及其后面的内容部分，单击【开始】选项卡→【剪贴板】组→【剪切】按钮（或使用快捷键【Ctrl+X】）；将光标定位到文档"思考问题"小标题段前，单击【开始】选项卡→【剪贴板】组→【粘贴】按钮（或使用快捷键【Ctrl+V】），将选中的"雄伟的主楼"部分移动到"思考问题"部分前。

（6）插入特殊符号。

将插入点定位到"内容赏析"小标题前，选择【插入】选项卡→【符号】组→【符号】→【其他符号】命令，打开【符号】对话框，选择【符号】选项卡，在【字体】下拉列表框中选择"Wingdings 2"，如图 3-2 所示，在符号列表中选中"☏"，单击【插入】按钮（或双击所要插入的符号），将所选择的符号插入到文档插入点位置（无须关闭【符号】对话框）。将插入点定位到"内容赏析"后，插入字符"☎"。用同样的方法给"思考问题"小标题前后插入字符，操作完成后关闭【符号】对话框。

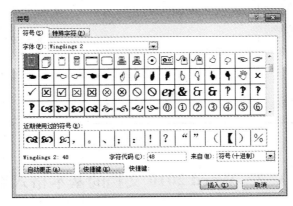

图 3-2　【符号】对话框

（7）替换操作。

① 单击【开始】选项卡→【编辑】组→【替换】按钮（或按快捷键【Ctrl+H】），打开【查找和替换】对话框，选择【替换】选项卡，在【查找内容】文本框中输入"老师"，在【替换为】文本框中输入"师长"，单击【全部替换】按钮，完成文本替换。

② 删除【查找内容】文本框中所有内容，输入一个半角空格，删除【替换为】文本框中所有内容，不输入任何字符。单击【全部替换】按钮，完成删除所有空格的操作。

③ 删除【查找内容】文本框中的所有内容，光标定位在【查找内容】文本框中，单击【更多】按钮，显示高级查找替换选项，单击【特殊格式】按钮，选择【段落标记】，【查找内容】文本框中出现段落标记符号"^p"，再次单击【特殊格式】按钮，选择【段落标记】，此时在【查找内容】文本框中有两个连续的段落标记符号"^p^p"；将光标定位到【替换为】文本框，插入一个段落标记符号，如图 3-3 所示，单击【全部替换】按钮，完成删除所有空行的操作。单击【关闭】按钮，关闭【查找和替换】对话框。

（8）设置文档属性。

选择【文件】→【信息】命令，在打开的窗口中单击【属性】右侧的三角按钮，在弹出的列表中单击【高级属性】，在弹出的对话框中单击【摘要】选项卡，在【标题】文本框后输入"我爱美丽的校园"，单击【确定】按钮。

（9）另存文档，退出 Word 2010。

选择【文件】→【另存为】命令，在打开的【另存为】对话框中选择保存位置，在【文件名】文本框中输入"美丽的校园 3-1 完成.docx"（".docx"可省略），单击【保存】按钮，将文件另存为新文件；选择【文件】→【退出】命令（或单击 Word 2010 右上角的【关闭】按钮 ✕ ）退出 Word 2010。

图 3-3 【查找和替换】对话框

实验 3-2　Word 2010 文档的基本格式设置

【实验目的】

（1）掌握字符格式的设置。

（2）掌握段落格式的设置。

（3）掌握使用"格式刷"快速格式化文本。

（4）掌握字符及段落的边框、底纹的设置。

【实验内容】

（1）打开文档。

打开实验 3-1 完成的"美丽的校园 3-1 完成.docx"文档，继续编辑。（若实验 3-1 未保存，可在素材文件夹中找到此文档。）

（2）设置字符和段落格式。

① 文章标题"美丽的校园"居中对齐；字号 42 磅，字体华文行楷，字形加粗；字符缩放 125%；"美"字符降低 5 磅。设置标题文字效果如下：文本填充为渐变效果，预设颜色为铬色，线性向右；轮廓为自动颜色的 1 磅实线；为其添加右上对角透视的阴影效果；发光效果设置要求：颜色为主题颜色中的"白色，背景 1，深色 50%"，大小 3 磅，透明度 30%。

② 作者"赵若含"为黑体四号字，右对齐，段前、段后间距 0.5 行。

③ 小标题"∞内容赏析∞"为黑体四号字，加粗；居中对齐，段前、段后 0.5 行；字符间距加宽 3 磅。文字效果要求如下：文本无填充；轮廓为 1.25 磅实线，轮廓填充暮霭沉沉渐变色，射线中心辐射；映像变体为"紧密映像，接触"。

④ 文章的正文部分设置为宋体小四号字，两端对齐，首行缩进 2 字符，行距为固定值 16 磅。

⑤ "思考问题"部分（不包括"∞思考问题∞"小标题）设置为宋体小四号字，两端对齐，

悬挂缩进 2 字符，1.5 倍行距。

（3）使用"格式刷"快速格式化文本。

按照正文的格式设置"❧思考问题☙"的内容部分。

（4）设置字符边框和底纹。

① 为文章标题"美丽的校园"文字添加样式为"外深内浅"（倒数第 3 个）的 3 磅方框，颜色为自定义 RGB（0,100,200）。

② 为文章标题"美丽的校园"文字设置底纹效果为：填充颜色为标准色的浅蓝，图案颜色为标准色的深蓝，图案样式为"深色横线"。设置完成后标题效果如图 3-4 所示。

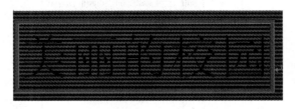

图 3-4　标题"美丽的校园"设置完成效果图

（5）设置段落底纹。

为"内容赏析"和"思考问题"的内容段落添加无填充颜色且图案样式为 25%，图案颜色为主题颜色中"橙色，强调文字颜色 6，淡色 40%"的底纹。

（6）另存文档，退出 Word 2010。

将文档另存为"美丽的校园 3-2 完成.docx"，退出 Word 2010。

【实验过程】

（1）打开文档。

在资源管理器中双击打开"美丽的校园 3-1 完成.docx"文档。

（2）利用功能区或对话框设置字符和段落格式。

① 设置标题格式如下：选中文章标题"美丽的校园"，单击【开始】选项卡→【段落】组→【居中】按钮，设置段落居中；单击【字体】组→【字体】下拉列表框右侧下拉按钮，在下拉列表中选择"华文行楷"，单击【字号】下拉列表框输入"42"后按【Enter】键确认输入，单击【加粗】按钮。

标题选中状态下，单击【字体】组右下角的对话框启动器，打开【字体】对话框，选择【高级】选项卡，在【缩放】文本框中输入"125%"，单击【确定】按钮。

选中"美"字，单击【字体】组右下角的对话框启动器，打开【字体】对话框，选择【高级】选项卡，在【位置】下拉列表框中选择"降低"，【磅值】为 5 磅，单击【确定】按钮。

标题选中状态下，单击【字体】组右下角的对话框启动器，打开【字体】对话框，单击下方的【文字效果】按钮，打开【设置文本效果格式】对话框，【文本填充】选项卡中选择【渐变填充】单选按钮，【预设颜色】下拉列表框中选择"铬色"，【类型】为"线性"，【方向】为"线性向右"，如图 3-5 所示，单击【关闭】按钮，返回到【字体】对话框，单击【确定】按钮，完成渐变文本填充。

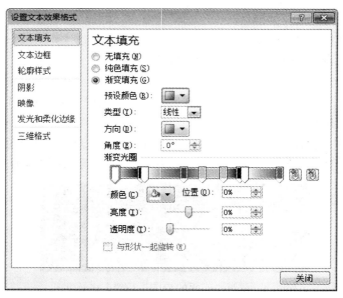

图 3-5 【文本填充】选项卡

标题选中状态下，单击【开始】选项卡→【字体】组→【文本效果】按钮，在下拉列表中设置为【轮廓】→【自动】、【轮廓】→【粗细】→【1 磅】和【轮廓】→【虚线】→【实线】。

标题选中状态下，单击【开始】选项卡→【字体】组中的【文本效果】按钮，在下拉列表中选择【阴影】→【透视】选项区域的【右上对角透视】效果，为文本添加阴影效果。

标题选中状态下，单击【开始】选项卡→【字体】组→【文本效果】按钮，在下拉列表中选择【发光】→【发光选项】命令，打开【设置文本效果格式】对话框，在【发光和柔化边缘】选项卡中设置【颜色】为"白色，背景 1，深色 50%"，【大小】为"3 磅"，【透明度】为"30%"，如图 3-6 所示，单击【关闭】按钮，完成发光效果设置。

图 3-6 【发光和柔化边缘】选项卡

②　选中作者"赵若含"段落，设置为黑体四号字；单击【开始】选项卡→【段落】组→【右对齐】按钮；在【页面布局】选项卡→【段落】组中，设置【间距】的【段前间距】、【段后间距】为"0.5 行"。

③　设置小标题"ဆ内容赏析ଓ"格式。

选中小标题"ဆ内容赏析ଓ"段落，设置为黑体四号字，加粗。

"ဆ内容赏析ଓ"选中状态下，单击【开始】选项卡→【段落】组→【居中】按钮设置居中对齐，单击【段落】组右下角的对话框启动器，在【段落】对话框的【缩进和间距】选项卡中设置【段前】、【段后】为 0.5 行。

"ဆ内容赏析ଓ"选中状态下，单击【开始】选项卡→【字体】组右下角的对话框启动器，打开【字体】对话框，选择【高级】选项卡，【间距】下拉列表框选择"加宽"，【磅值】为"3 磅"。

"ဆ内容赏析ଓ"选中状态下，选择【字体】组→【字体颜色】→【渐变】→【其他渐变】命令，打开【设置文本效果格式】对话框，在【文本填充】选项卡中选择【无填充】单选按钮；选择【文本边框】选项卡，单击【渐变线】单选按钮，【预设颜色】下拉列表框中选择"暮霭沉沉"，设置【类型】为"射线"，【方向】为"中心辐射"；选择【轮廓样式】选项卡，在【宽度】文本框中输入 1.25 磅；选择【映像】选项卡，【预设】下拉列表框中选择"映射变体"的"紧密映像，接触"（第 1 个），单击【关闭】按钮，完成文本效果格式设置。

④　选中文章的正文部分，通过【开始】选项卡→【字体】组设置其为宋体小四号字；单击【段落】组中的【两端对齐】按钮设置两端对齐；单击【段落】组右下角的对话框启动器，打开【段落】对话框，选择【缩进和间距】选项卡，在【特殊格式】下拉列表框中选择"首行缩进"，【磅值】设置为"2 字符"，【行距】下拉列表框中选择"固定值"，其后【设置值】为"16 磅"，单击【确定】按钮，完成段落格式设置。

⑤　选中"思考问题"部分（不包括"ဆ思考问题ଓ"小标题），设置其为宋体小四号字；单击【段落】组右下角的对话框启动器，打开【段落】对话框，选择【缩进和间距】选项卡，在【对齐方式】下拉列表框中选择"两端对齐"，【特殊格式】下拉列表框中选择"悬挂缩进"，【磅值】设置为"2 字符"，【行距】下拉列表框中选择"1.5 倍行距"，单击【确定】按钮，完成段落格式设置。

（3）使用"格式刷"快速格式化文本。

将光标定位在正文部分任意位置，单击【开始】选项卡→【剪贴板】组→【格式刷】按钮，刷过"内容赏析"后的内容部分，用同样方法设置"ဆ思考问题ଓ"的格式。

（4）设置字符边框和底纹。

①　选中文章标题"美丽的校园"，单击【开始】选项卡→【段落】组→【下框线】按钮右侧下拉按钮，在下拉列表中选择【边框和底纹】命令，打开【边框和底纹】对话框，选择【边框】选项卡，如图 3-7 所示，在【应用于】下拉列表框中选择"文字"，【设置】类型选择"方框"，【样式】列表框中选择"外深内浅型"（倒数第 3 个）；【宽度】列表框中选择"3 磅"；选择【颜色】→【其他颜色】命令，打开【颜色】对话框，选择【自定义】选项卡，【颜色模式】下拉列表框中选择"RGB"，在【红色】、【绿色】和【蓝色】后的文本框中分别输入"0""100"和"200"，如图 3-8 所示，单击【确定】按钮关闭【颜色】对话框。

图 3-7　【边框】选项卡

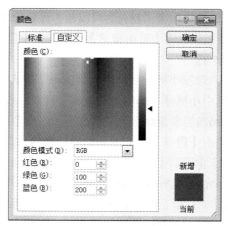

图 3-8　【颜色】对话框

② 选中文章标题"美丽的校园"，选择【边框和底纹】对话框的【底纹】选项卡，【应用于】下拉列表框选择"文字"，【填充】下拉列表框中选择标准色中的"浅蓝"，设置【样式】为"深色横线"，【颜色】选择标准色中的"深蓝"，单击【确定】按钮，完成文字边框和底纹的设置。

（5）设置段落底纹。

选中"内容赏析"和"思考问题"后的内容段落，单击【开始】选项卡→【段落】组→【边框和底纹】按钮右侧下拉按钮，在下拉列表中选择【边框和底纹】命令，打开【边框和底纹】对话框，选择【底纹】选项卡，【应用于】下拉列表框选择"段落"，【填充】下拉列表框中选择"无颜色"，【样式】为"25%"，【颜色】选择主题颜色中的"橙色，强调文字颜色 6，淡色 40%"（若当前主题颜色中无，需单击【页面布局】选项卡→【主题】组→【主题颜色】按钮，在下拉列表框中选择【Office】命令），单击【确定】按钮，完成文字边框和底纹的设置。

（6）另存文档，退出 Word 2010。

选择【文件】→【另存为】命令，在打开的【另存为】对话框中选择保存位置，在【文件名】文本框中输入"美丽的校园 3-2 完成.docx"（".docx"可省略），单击【保存】按钮，将文件另存为新文件；选择【文件】→【退出】命令（或单击 Word 2010 右上角的【关闭】按钮）退出 Word 2010。

实验 3-3　Word 2010 文档的高级格式设置

【实验目的】

（1）掌握带格式的查找与替换功能。

（2）掌握项目符号和编号的设置。

（3）掌握首字下沉和悬挂的设置。

【实验内容】

（1）打开文档。

打开实验 3-2 完成的"美丽的校园 3-2 完成.docx"文档（素材文件夹内也可找到），继续编辑。

（2）替换操作。

① 将文章正文部分中的"美丽"修改为标准色中的深红色、加粗倾斜、加着重号并突出显示。

② 将文档中行距为固定值 16 磅的段落修改为最小值 20 磅。

（3）设置编号。

为"思考问题"部分添加编号，编号格式为"(1)，(2)，(3)，…"（半角括号），紫色加粗。

（4）设置首字下沉。

为正文第一段设置首字下沉、华文行楷、下沉 2 行、距正文 0.2 厘米；为其应用预设文字效果中的"渐变填充-黑色，轮廓-白色，外部阴影"（第 4 行第 3 个）。

（5）另存文档，退出 Word 2010。

将文档另存为"美丽的校园 3- 3 完成.docx"，退出 Word 2010。

【实验过程】

（1）打开文档。

在资源管理器中双击打开"美丽的校园 3-2 完成.docx"文档。

（2）替换操作。

单击【开始】选项卡→【编辑】组→【替换】按钮（或按快捷键【Ctrl+H】），打开【查找和替换】对话框的【替换】选项卡，完成下面替换操作。

① 在【查找内容】文本框内输入"美丽，单击【更多】按钮，单击【替换为】文本框，使光标定位在其中，单击【格式】按钮，在弹出的菜单中选择【字体】命令，打开【替换字体】对话框，设置字体颜色为标准色中的深红色、加粗倾斜、加着重号，单击【确定】按钮，返回【查找和替换】对话框；选择【格式】→【突出显示】命令；选中文章的正文部分，在【搜索选项】区域的【搜索】下拉列表框内选择"向下"，如图 3-9 所示，单击【全部替换】按钮，此时 Word 2010弹出对话框提示完成替换，并询问是否搜索文档的其余部分，单击【否】按钮，完成替换。查看正文中"美丽"被替换为深红色、加粗倾斜、加着重号并突出显示的"美丽"（此时着重号不显示，是因为设置行间距为固定值且较小的原因）。

图 3-9 【替换】选项卡

② 清空【查找内容】文本框中所有内容，光标定位在其中，选择【格式】→【段落】命令，打开【查找段落】对话框，设置【行距】为固定值 16 磅，单击【确定】按钮，返回【查找和替换】对话框，插入点定位在【替换为】文本框内，单击【不限定格式】按钮，选择【格式】→【段落】命令，打开【替换段落】对话框，设置【行距】为最小值 20 磅，单击【确定】按钮，返回【查找和替换】对话框，在【搜索选项】区域的【搜索】下拉列表框内选择"全部"；单击【全部替换】按钮，完成替换。单击【关闭】按钮，关闭【查找和替换】对话框。

（3）设置编号。

选中"思考问题"后内容部分，单击【开始】选项卡→【段落】组→【编号】按钮，在下拉列表中选择【定义新编号格式】命令，打开【定义新编号格式】对话框，选择【编号样式】为"1，2，3，…"，【编号格式】文本框中为"1"两侧输入半角括号（"1"不可手动输入），删除其他符号，设置【对齐方式】为"左对齐"，单击【字体】按钮，打开【字体】对话框，设置字体颜色为标准色中的紫色并加粗，单击【确定】按钮，完成编号的设置。

（4）设置首字下沉。

将光标定位在正文第一段，单击【插入】选项卡→【文本】组→【首字下沉】按钮，在下拉列表中选择【首字下沉选项】命令，打开【首字下沉】对话框，【位置】选择"下沉"，【字体】为"华文行楷"，【下沉行数】为"2"，【距正文】为"0.2 厘米"，单击【确定】按钮，完成首字下沉设置。选中下沉的"我"字，单击【开始】选项卡【字体】组中的【文本效果】按钮，在下拉菜单中选择"渐变填充–黑色，轮廓–白色，外部阴影"（第 4 行第 3 个）。

（5）另存文档，退出 Word 2010。

选择【文件】→【另存为】命令，在打开的【另存为】对话框中选择保存位置，在【文件名】文本框中输入"美丽的校园 3–3 完成.docx"（".docx"可省略），单击【保存】按钮，将文件另存为新文件；选择【文件】→【退出】命令（或单击 Word 2010 右上角的【关闭】按钮）退出 Word 2010。

实验 3–4   Word 2010 文档的页面设置

【实验目的】

（1）掌握文档主题的设置。

（2）掌握页面格式的设置。

（3）掌握页面背景和边框的设置。

（4）掌握分栏功能的设置。

（5）掌握分节和分页的操作。

（6）掌握页眉/页脚、页码的设置。

（7）掌握脚注和尾注的使用方法。

（8）熟悉打印预览功能。

【实验内容】

（1）打开文档。

打开实验 3–3 的"背影.docx"文档（素材文件夹内也可找到），进行编辑。

（2）修改文档主题。

将文档主题修改为"波形"。

（3）页面设置。

设置页边距上下为 2.5 厘米，左右为 3 厘米；纸张大小为 A4。

（4）页面背景设置。

① 页面背景设置为新闻纸的纹理。

② 添加文字水印"父爱"，水印字体为隶书，颜色为主题颜色中的"蓝色，强调文字颜色 1，深色 50%"，半透明效果，斜式。

（5）添加页面边框。

为页面添加 0.5 磅双实线方框样式的边框，边框距页边距上下为 20 磅，左右为 22 磅。

（6）分栏操作。

将"内容赏析"内容部分，分两栏，左栏宽 18 字符，右栏宽 20 字符，分隔线分隔。

（7）插入分节符。

在"内容赏析"小标题前插入分节符，并在下一页开始新节。

（8）设置页眉和页脚。

① 页眉处插入文档属性内的标题，第 1 页和第 2 页标题后空一格加"正文"两字，第 3 页标题后空一格加"赏析"两字，页眉均为华文行楷五号字，居中。

② 在页脚处插入页码"第 x 页　共 y 页"，其中 x 为当前页码，y 为总页数；页脚为华文行楷小五号字，居中对齐；并将其保存到页码库中，名称为"第 x 页　共 y 页"，类别为"X/Y"。

③ 设置页眉顶端和页脚底端距页面均为 1.5 厘米。

（9）插入尾注。

① 为标题"背影"添加尾注"选自《朱自清散文全集》"；作者"朱自清"添加尾注"朱自清（1898.11.22—1948.8.12），原名自华，号秋实，字佩弦，后改名自清，江苏扬州人，现代著名散文家、诗人、学者、民主战士。"

② 设置尾注的位置为"节的结尾"，编号格式为"A，B，C，…"。

（10）插入脚注。

① 参照"脚注.txt"文本文件中的词语解释为文章中对应词语添加脚注。

② 脚注编号格式为"1，2，3，…"，每页重新编号。

（11）打印预览文档。

设置打印页面背景并预览文档。

（12）另存文档，退出 Word 2010。

将文档另存为"背影 3-4 完成.docx"，退出 Word 2010。

【实验过程】

（1）打开文档。

在资源管理器中双击打开"背影.docx"文档。

（2）修改文档主题。

单击【页面布局】选项卡→【主题】组→【主题】按钮，在下拉列表中选择【波形】命令，将主题修改为"波形"。

（3）页面设置。

单击【页面布局】选项卡→【页面设置】组→【页边距】按钮，在下拉列表中选择【自定义边距】命令，打开【页面设置】对话框，选择【页边距】选项卡，在【页边距】选项区内设置【上】、【下】为"2.5厘米"，【左】、【右】为"3厘米"，单击【确定】按钮，关闭【页面设置】对话框；单击【页面布局】选项卡→【页面设置】组→【纸张大小】按钮，在下拉列表中选择【A4】命令，完成纸张大小设置。

（4）页面背景设置。

① 单击【页面布局】选项卡→【页面背景】组→【页面颜色】按钮，在下拉列表中选择【填充效果】命令，打开【填充效果】对话框，选择【纹理】选项卡，在【纹理】选项区中选择"新闻纸"样式，单击【确定】按钮。

② 单击【页面布局】选项卡→【页面背景】组→【水印】按钮，在下拉列表中选择【自定义水印】命令，打开【水印】对话框，选中【文字水印】单选按钮，【文字】文本框中输入"父爱"，设置【字体】为隶书，【颜色】为主题颜色中的"蓝色，强调文字颜色1，深色50%"，选中【半透明】复选框，【版式】选择"斜式"，如图3-10所示，单击【确定】按钮，完成水印设置。

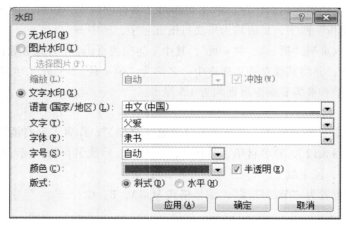

图3-10　【水印】对话框

（5）添加页面边框。

单击【页面布局】选项卡→【页面背景】组→【页面边框】按钮，打开【边框和底纹】对话框，选择【页面边框】选项卡，【设置】选项区内选择"方框"，【样式】为"双实线"，【宽度】为"0.5磅"；单击【选项】按钮，打开【边框和底纹选项】对话框，【测量基准】下拉列表框选择"页边"，【上】、【下】文本框均输入"20磅"，【左】、【右】文本框中输入"22磅"，单击【确定】按钮，返回【边框和底纹】对话框，单击【确定】按钮，完成页面边框的设置。

（6）分栏操作。

选中"内容赏析"内容部分，单击【页面布局】选项卡→【页面设置】组→【分栏】按钮，在下拉列表中选择【更多分栏】命令，打开【分栏】对话框，【预设】选项区域中选择"两栏"，取消选择【栏宽相等】复选框，设置1栏宽度18字符，2栏宽度20字符，选中【分隔线】复选框，如图3-11所示，单击【确定】按钮，完成分栏设置。

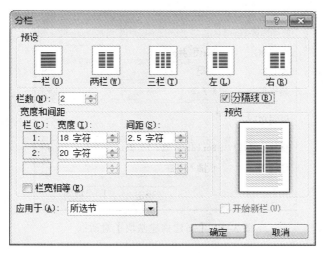

图 3-11　【分栏】对话框

（7）插入分节符。

将光标定位在"∽内容赏析∝"前，单击【页面布局】选项卡→【页面设置】组→【分隔符】按钮，在下拉列表中选择【分节符】→【下一页】命令，插入分节符，并在下一页开始新节。

（8）设置页眉和页脚。

单击【插入】选项卡→【页眉和页脚】组→【页眉】按钮，在下拉列表中选择【编辑页眉】命令，进入页眉编辑状态，此时自动激活【页眉和页脚工具】/【设计】选项卡，通过此选项卡进行以下设置。

① 单击【页眉和页脚工具】/【设计】选项卡→【插入】组→【文档部件】按钮，在下拉列表中选择【文档属性】→【标题】命令，将标题"背影"插入到页眉，按【→】键将光标移动到"文档部件"后，输入"　正文"（前有一空格），选中页眉内容，通过【开始】选项卡设置页眉为华文行楷、五号字并居中。

② 单击【页眉和页脚工具】/【设计】选项卡→【导航】组→【下一节】按钮，跳转到"页眉-第 2 节-"编辑状态，单击【导航】组→【链接到前一条页眉】按钮，取消与前一条页眉的链接，删除"正文"，输入"赏析"。

单击【导航】组→【转至页脚】按钮，转至页脚编辑状态，单击【页眉和页脚】组→【页码】按钮，在下拉列表中选择【当前位置】→【X/Y】→【加粗显示的数字】命令，此时页脚中出现"x/y"（x 为当前页码，y 为总页数），将其修改为"第 x 页　共 y 页"（x，y 为原有域，不可删除后手动输入），选中插入的页码，单击【开始】选项卡→【字体】组→【清除格式】按钮，再通过【开始】选项卡设置其为华文行楷小五号字，居中对齐。

选中页码部分（不包括回车符），单击【页眉和页脚工具】/【设计】选项卡→【页眉和页脚】组→【页码】按钮，在下拉列表中选择【当前位置】→【将所选内容保存到页码库】命令，打开【新建构建基块】对话框，【名称】文本框输入"第 x 页　共 y 页"，【类别】下拉列表框中选择"X/Y"，如图 3-12 所示，单击【确定】按钮。

③ 在【页眉和页脚工具】/【设计】选项卡→【位置】组中设置页眉顶端和页脚底端距离均为 1.5 厘米，单击【关闭页眉和页脚】按钮，完成设置，退出页眉页脚编辑状态。

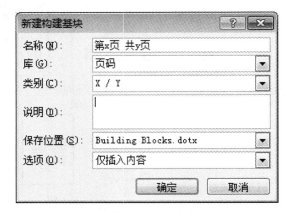

图 3-12 【新建构建基块】对话框

（9）插入尾注。

① 将插入点定位在标题"背影"后，单击【引用】选项卡→【脚注】组→【插入尾注】按钮，在尾注中输入"选自《朱自清散文全集》"；以同样方式为作者"朱自清"添加尾注"朱自清（1898.11.22—1948.8.12），原名自华，号秋实，字佩弦，后改名自清，江苏扬州人，现代著名散文家、诗人、学者、民主战士。"

② 单击【引用】选项卡→【脚注】组右下角的对话框启动器，打开【脚注和尾注】对话框，单击【尾注】单选按钮，其后的下拉列表框中选择"节的结尾"，【编号格式】下拉列表框中选择"A，B，C，…"，单击【应用】按钮。

（10）插入脚注

① 打开"脚注.txt"，在 Word 界面右侧的导航窗格（若无导航窗格，需选择【视图】选项卡→【显示】组→【导航窗格】复选框）中的文本框输入要查找第一个词"交卸"，文章中的"交卸"被突出显示，将插入点定位在查找出的"交卸"之后，单击【引用】选项卡→【脚注】组→【插入脚注】按钮，在脚注"1"后输入"交卸：解除、除去。"，以同样方式添加其余脚注。

② 单击【引用】选项卡→【脚注】组右下角的对话框启动器，打开【脚注和尾注】对话框，单击【脚注】单选按钮，【编号格式】下拉列表框中选择"1,2,3,…"，【编号】下拉列表框中选择"每页重新编号"，单击【应用】按钮，完成脚注的插入和设置。

（11）打印预览文档。

选择【文件】→【选项】命令，打开【Word 选项】对话框，选择【显示】选项卡，在【打印选项】选项区域内选中【打印背景和图像】复选框，单击【确定】按钮，完成设置。选择【文件】→【打印】命令，在右侧窗格中可查看打印预览效果，在右下角可设置显示百分比，按【Esc】键退出后台视图。

（12）另存文档，退出 Word 2010。

选择【文件】→【另存为】命令，在弹出的【另存为】对话框中选择合适的位置，在【文件名】文本框中输入"背影 3-4 完成.docx"，单击【保存】按钮，将文件另存为新文件；选择【文件】→【退出】命令退出 Word 2010。

样文如图 3-13～图 3-15 所示。

图 3-13　实验 3-4 样文图第一页

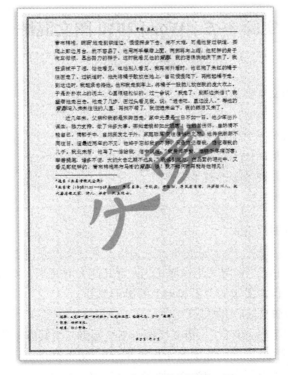

图 3-14　实验 3-4 样文图第二页

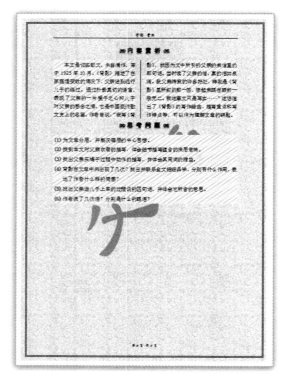

图 3–15　实验 3–4 样文图第三页

实验 3–5　Word 2010 图文混排

【实验目的】

（1）掌握插入图片和文本框的操作。

（2）掌握对象格式的设置。

（3）掌握多个对象的对齐、排列及组合。

（4）熟悉 SmartArt 图形的插入、编辑等操作。

（5）掌握绘制图形、修饰图形的基本操作。

【实验内容】

（1）插入图片并设置图片格式。

打开实验 3–4 完成的"背影 3–4 完成.docx"文档（素材文件夹内也可找到），在第二页插入素材文件夹内图片"背景.jpg"，锁定大小纵横比，设置其高为 6 厘米，以纵横比 1∶1 将图片右边裁剪去，删除图片背景，仅留父亲的背影和地上的影子部分。

（2）插入文本框并设置文本框格式。

插入竖排文本框，文字为"背影"，华文行楷，小一号字，为其应用艺术字样式"渐变填充–黑色，轮廓–白色，外部阴影"（样式库中第 4 行第 3 个），文本框高 2.5 厘米，宽 1.5 厘米，无填充颜色，无轮廓，内部间距上下左右均为 0.2 厘米，文字水平且垂直居中对齐。

（3）设置多对象的对齐及层次分布。

图片和文本框相对水平右对齐，垂直顶端对齐，更改两者叠放次序，使文本框在图片的上一层。

（4）组合对象。

将图片和文本框组合。

（5）设置组合对象布局。

设置组合后的对象为四周型，文字只在右侧，距正文上下左右均为 0.3 厘米；位置水平相对于页边距左对齐，垂直页面下侧 3 厘米。

（6）插入形状并设置形状格式。

① 在页脚中插入形状"横卷形"，可以遮盖住"第 x 页　共 y 页"（其中 x 为当前页码，y 为总页数）文字。

② 形状填充图片"横卷形.jpg"，并将图片重新着色为"蓝色，强调文字颜色 2，浅色"，轮廓颜色为"蓝色，强调文字颜色 1，深色 50%"。

③ 设置图形高度 1 厘米，宽度 2.75 厘米，旋转 10°。

④ 设置图形环绕方式为衬于文字下方；水平位置相对页面居中，垂直位置为下边距下侧 0.1 厘米。

（7）插入 SmartArt 流程图。

① 在文章的最后新插入无格式两段，第一段输入"∽文章线索∾"，格式设置同"∽内容赏析∾"。

② 最后一段参照图 3-16 插入水平多层层次结构的 SmartArt 图形。

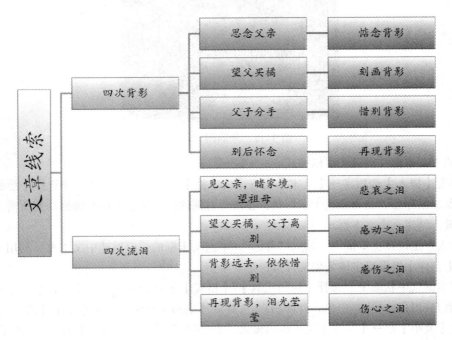

图 3-16　SmartArt 图形

③ 更改 SmartArt 图形颜色为"彩色范围–强调颜色 5 至 6"，应用细微效果样式。

（8）另存文档，退出 Word 2010。

将文档另存为"背影 3–5 完成.docx"，退出 Word 2010。

【实验过程】

（1）插入图片并设置图片格式。

① 在资源管理器中双击打开"背影 3–4 完成.docx"文档，插入点定位在第二页第一段后，单击【插入】选项卡→【插图】组→【图片】按钮，打开【插入图片】对话框，找到素材文件夹内的"背影.jpg"文件，单击【插入】按钮，图片将被插入到文档中。

② 图片选中状态下，单击【图片工具】/【格式】选项卡→【大小】组右下角的对话框启动器，打开【布局】对话框，选择【大小】选项卡，选中【锁定纵横比】复选框，选择【高度】选项区中的【绝对值】单选按钮，在其后的文本框中输入"6 厘米"，单击【确定】按钮。

③ 单击【图片工具】/【格式】选项卡→【大小】组→【裁剪】按钮，在下拉列表中选择【纵横比】→【方形】→【1∶1】命令，移动图片将图片最左边与裁剪框左边对齐，按【Esc】键退出裁剪操作。

④ 单击【图片工具】/【格式】选项卡→【调整】组→【删除背景】按钮，此时在图片上出现遮幅区域，在图片上调整选择区域拖动柄，使其包括图片中父亲的背影和地上的影子部分，如图 3–17 所示，单击【背景消除】选项卡→【保留更改】按钮，完成图片删除背景操作。

图 3–17　删除图片背景

（2）插入文本框并设置文本框格式。

① 单击【插入】选项卡→【文本】组→【文本框】按钮，在下拉列表中选择【绘制竖排文本框】命令，鼠标指针变为黑色十字形状，在图片右侧的位置按住鼠标左键拖动到所需大小，释放鼠标左键，创建一个文本框。

② 插入点定位在文本框中，输入"背影"，单击文本框的边框以选中文本框，利用【开始】选项卡→【字体】组设置字体为华文行楷，小一号字。

③ 文本框选中状态下，选择【绘图工具】/【格式】选项卡→【艺术字样式】组样式列表中的"渐变填充–黑色，轮廓–白色，外部阴影"（样式库中第 4 行第 3 个）艺术字样式。

④ 在【大小】组→【高度】文本框内输入"2.5 厘米"，【宽度】文本框输入"1.5 厘米"。

⑤ 单击【绘图工具】/【格式】选项卡→【形状样式】组→【形状填充】按钮，在下拉列表

中选择【无填充颜色】命令；单击【形状轮廓】按钮，在下拉列表中选择【无轮廓】命令；单击
【形状样式】组右下角对话框启动器，打开【设置形状格式】对话框，选择【文本框】选项卡，在
【内部边距】选项区域内【上】、【下】、【左】、【右】文本框中均输入"0.2 厘米"，【水平对齐方式】
下拉列表框中选择"居中"，如图 3-18 所示，单击【关闭】按钮。单击【开始】选项卡→【段落】
组→【水平居中】按钮，完成文本框设置。

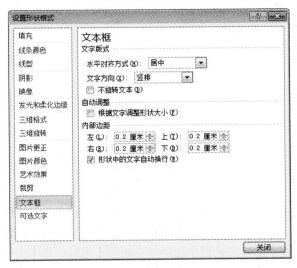

图 3-18 【文本框】选项卡

（3）设置多对象的对齐及层次分布。

单击插入的图片，单击【图片工具】/【格式】选项卡→【排列】
组→【自动换行】按钮，在下拉列表中选择【四周型环绕】命令。选
中文本框，按住【Shift】键不放，单击图片，同时选中图片和文本框；
选择【图片工具】/【格式】选项卡→【排列】组→【对齐】→【右对
齐】和【顶端对齐】命令（注意"对齐"下拉列表中【对齐所选对象】
需是已选中状态，如图 3-19 所示）。只选中图片，选择【图片工具】
/【格式】选项卡→【排列】组→【下移一层】→【置于底层】命令，
完成设置。

（4）组合对象。

同时选中图片和文本框，单击【图片工具】/【格式】选项卡→【排
列】组→【组合】按钮，在下拉列表中选择【组合】命令，完成图片
和文本框的组合。

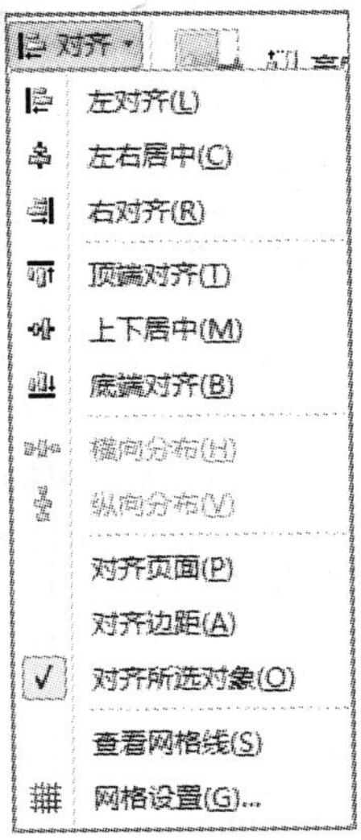

（5）设置组合对象布局。

图 3-19 【对齐】下拉菜单

① 组合对象选中状态下，单击【图片工具】/【格式】选项卡→【排列】组→【自动换行】
按钮，在下拉列表中选择【其他布局选项】命令，打开【布局】对话框，选择【文字环绕】选
项卡，【环绕方式】选项区内选择"四周型"，【自动换行】选项区域内选择【只在右侧】单选按
钮，【距正文】选项区域内【上】、【下】、【左】、【右】文本框中均输入"0.3 厘米"，如图 3-20
所示。

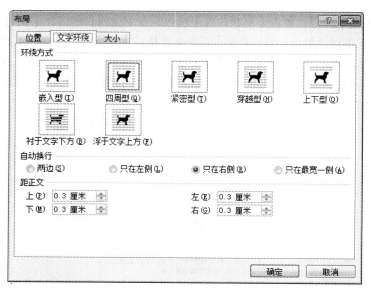

图 3-20　【文字环绕】选项卡

② 单击【位置】选项卡，【水平】选项区域内选择【对齐方式】单选按钮，【相对于】下拉列表框中选择"页边距"，【对齐方式】下拉列表框中选择"左对齐"；【垂直】选项区域内选择【绝对位置】单选按钮，【下侧】下拉列表框中选择"页面"，【绝对位置】文本框中输入"3 厘米"，如图 3-21 所示，单击【确定】按钮，完成布局设置。

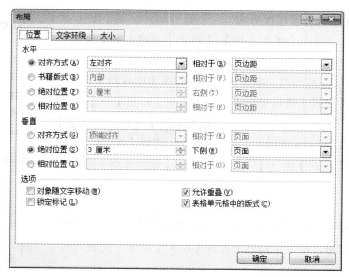

图 3-21　【位置】选项卡

（6）插入形状并设置形状格式。

① 光标移动到页脚位置，双击进入页脚编辑视图，单击【插入】选项卡→【插图】组→【形状】按钮，在下拉列表中选择【星与旗帜】→【横卷形】命令，此时光标变为十字形，在"第 x 页 共 y 页"上方，按住鼠标左键拖动，绘制出一个横卷形图形。

② 图形选中状态下，单击【绘图工具】/【格式】选项卡→【形状样式】组→【形状填充】

按钮，在下拉列表中选择【图片】命令，打开【插入图片】对话框，选择素材文件夹中"横卷形.jpg"，单击【插入】按钮；单击【图片工具】/【格式】选项卡→【调整】组→【颜色】按钮，在下拉列表中选择【重新着色】→【蓝色，强调文字颜色 2，浅色】命令；单击【绘图工具】/【格式】选项卡→【形状样式】组→【形状轮廓】按钮，在下拉列表中选择【主题颜色】→【蓝色，强调文字颜色 1，深色 50%】命令。

③ 图形选中状态下，利用【绘图工具】/【格式】选项卡→【大小】组设置高度 1 厘米，宽度 2.75 厘米；单击【排列】组→【旋转】→【其他旋转选项】命令，打开【布局】对话框的【大小】选项卡，在【旋转】文本框中输入"10"，单击【确定】按钮，完成大小旋转的设置。

④ 图形选中状态下，选择【绘图工具】/【格式】选项卡→【排列】组→【自动换行】→【衬于文字下方】命令，再选择【位置】→【其他布局选项】命令，打开【布局】对话框的【位置】选项卡，设置图形水平位置相对页面居中，垂直位置为下边距下侧 0.1 厘米，单击【确定】按钮。完成页眉页脚设置后，按【Esc】键，退出页眉页脚编辑状态。

（7）插入 SmartArt 流程图。

① 按【Ctrl+End】组合键将插入点快速定位到文档最后，按【Enter】键产生一个新的段落；单击【开始】选项卡→【字体】组→【清除格式】按钮，再按【Enter】键插入一个新的段落；在倒数第二段输入"✍文章线索✍"，使用格式刷使其格式同"✍内容赏析✍"段落。

② 插入点定位到最后一段，单击【插入】选项卡→【插图】组→【SmartArt】按钮，打开【选择 SmartArt 图形】对话框，在左侧列表中选择【层次结构】类型，中间选项区中选择"水平多层层次结构"布局，单击【确定】按钮，插入 SmartArt 图形。

用以下方法参考样图 3-16 添加所有形状：单击图形下层形状中的任意一个图形的边框，选中这个图形，按【Delete】键可删除此图形；选中下层图形中的一个，单击【SmartArt 工具】/【设计】选项卡→【创建图形】组→【添加形状】按钮的右侧下拉按钮，选择【在下方添加形状】为其添加一个下层形状；选中刚添加的形状，单击【创建图形】组→【添加形状】按钮右侧的下拉按钮，选择【在后面添加形状】，在其后面添加一个同层的形状。

在图形左侧的【文本】窗格中输入文字，如图 3-22 所示。（若【文本】窗格未显示，可单击【SmartArt 工具】/【设计】选项卡→【创建图形】组→【文本窗格】按钮，显示【文本】窗格。）在【文本】窗格中按【Enter】键可在当前形状后面添加形状，按【Tab】键可降级当前形状，按【Backspace】键可升级当前形状，也可通过【SmartArt 工具】/【设计】选项卡→【创建图形】组中的按钮添加、删除或调整形状的层次位置。

③ 单击 SmartArt 图形，单击【SmartArt 工具】/【设计】选项卡→【更改颜色】→【彩色】→【彩色范围-强调颜色 5 至 6】，单击【SmartArt 样式】组中的【细微效果】样式，完成 SmartArt 图形设置。

（8）另存文档，退出 Word 2010。

将文档另存为"背影 3-5 完成.docx"，退出 Word 2010。

图 3-22 【文本】窗格

实验 3-6　Word 2010 表格的制作

【实验目的】

（1）掌握表格的创建和编辑。

（2）掌握表格行列及单元格的编辑。

（3）掌握表格和单元格的属性及格式设置。

【实验内容】

（1）创建表格。

创建一个空白 Word 文档，插入一个 4 行 3 列的表格。

（2）插入行操作。

在表格最后一行下方插入一行。

（3）设置行高和列宽。

① 设置第 1～3 列列宽依次为 2.5 厘米、6 厘米和 6.5 厘米。

② 除最后一行外其余行行高为最小值 1 厘米，最后一行行高为固定值 2.2 厘米。

（4）合并与拆分单元格。

① 合并第 2 行第 2、3 单元格；合并第 3 行第 2、3 单元格。

② 将第 1 行第 2 个单元格拆分为 1 行 2 列。

（5）分布列操作。

将最后 1 行平均分布列宽度。

（6）手动绘制表格。

在第 4 行第 3 个单元格中手动绘制一个竖线，要求与最后一行最后一个单元格左边框线对齐，如图 3-23 所示。

员 工 请 假 单

申请时间：　年　月　日

<table>
<tr><td>请假人</td><td></td><td>所属部门</td><td colspan="2"></td></tr>
<tr><td>请假事由</td><td colspan="4"></td></tr>
<tr><td>请假类别</td><td colspan="4">□年假 □病假 □事假 □婚假 □产假 □丧假 □其他</td></tr>
<tr><td>请假时间</td><td colspan="2">自　年　月　日　时　分起
至　年　月　日　时　分止</td><td>合计</td><td>日　小时</td></tr>
<tr><td colspan="2">直属主管：</td><td colspan="2">部门经理：</td><td>总经理：</td></tr>
</table>

图 3-23　员工请假单样表

（7）录入数据文字。

表格上方插入两空段，按照样图 3-23 录入文字，其中第一行“员工请假单”前后与字间有空格。

（8）设置文字和段落格式。

第一段宋体（标题）二号字加粗加双下画线，居中；第二段宋体（正文）五号字，右对齐；表格中文字宋体（正文）小四号字，参照样图 3-23，将对应单元格内文字加粗。

（9）设置表格对齐方式。

整个表格水平居中对齐。

（10）设置单元格对齐方式。

除最后一行外所有单元格水平且垂直居中对齐。

（11）行的移动。

将表格第 2 行和第 3 行互换位置。

（12）设置表格边框和底纹。

① 第 1～4 行设置底纹填充主题颜色中的"蓝色，强调文字颜色 1，淡色 80%"。

② 第 1～4 行参照样图设置上、左、右外边框为主题颜色"黑色，文字 1"，实线 2.25 磅；内边框为主题颜色"蓝色，强调文字颜色 1"，实线 1.5 磅。

③ 第 5 行设置底纹图案颜色为标准色的"红色"、样式为"20%"、边框全部为红色 0.75 磅双实线。

（13）更改主题，保存文档。

将文档主题更改为"暗香扑面"，以"员工请假单.docx"为文件名保存文档。

【实验过程】

（1）创建表格。

新建一个空白 Word 文档，单击【插入】选项卡→【表格】组→【表格】按钮，在下拉列表中的【插入表格】区域，以拖动鼠标的方式指定 4 行 3 列表格，单击将指定行列数目的表格插入文档中。

（2）插入行操作。

插入点定位在表格最后一行，单击【表格工具】/【布局】选项卡→【行和列】组→【在下方插入】按钮，插入一个空白行。

（3）设置行高和列宽。

① 选中第 1 列，在【表格工具】/【布局】选项卡→【单元格大小】组→【宽度】文本框中输入"2.5 厘米"，以同样方法设置第 2、3 列列宽分别为 6 厘米和 6.5 厘米。

② 选中第 1～4 行，单击【表格工具】/【布局】选项卡→【单元格大小】组右下角对话框启动器，打开【表格属性】对话框的【行】选项卡，选择【指定高度】复选框，其后文本框输入"1厘米"，【行高值是】下拉列表框中选择"最小值"，如图 3-24 所示；单击【下一行】按钮，设置行高为固定值 2.2 厘米；单击【确定】按钮。

（4）合并与拆分单元格。

① 选中第 2 行的第 2、3 个单元格，单击【表格工具】/【布局】选项卡→【合并】组→【合并单元格】按钮，同样合并第 3 行的第 2、3 个单元格。

② 插入点定位在第 1 行第 2 个单元格内，单击【表格工具】/【布局】选项卡→【合并】组→【拆分单元格】按钮，打开【拆分单元格】对话框，在【行数】文本框中输入"1"，【列数】文

本框中输入"2"，单击【确定】按钮，完成单元格拆分。

图 3-24 【表格属性】对话框

（5）分布列操作。

选中最后 1 行，单击【表格工具】/【布局】选项卡→【单元格大小】组→【分布列】按钮，将所选行各列平均分布。

（6）手动绘制表格。

单击【表格工具】/【设计】选项卡→【绘图边框】组→【绘制表格】按钮，此时鼠标指针变为铅笔状，在第 4 行第 3 个单元格中绘制一个竖线，要求与最后一行最后一个单元格左边框线对齐，再次单击【绘制表格】按钮（或按【Esc】键），退出绘制状态。完成效果如图 3-25 所示。

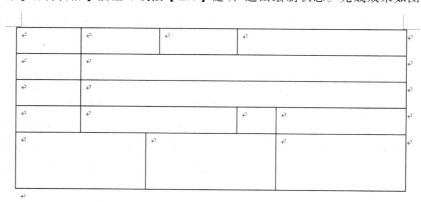

图 3-25　表格布局效果图

（7）录入数据文字。

将插入点定位到第一个单元格中，按两次【Enter】键，在表格上方插入两空段，按照图 3-23 录入所有文字。

（8）设置文字和段落格式。

通过【开始】选项卡中的【字体】组和【段落】组，设置字体格式与段落格式。第一段宋体（标题）二号字加粗加双下画线，居中；第二段宋体（正文）五号字，右对齐。表格中文字宋体（正文）小四号字，参照样图 3-23，选中文字加粗的单元格，单击【加粗】按钮。

（9）设置表格对齐方式。

选中整个表格，单击【开始】选项卡→【段落】组→【居中】按钮，将整个表格水平居中。

（10）设置单元格对齐方式。

选中表格第 1～4 行，单击【表格工具】/【布局】选项卡→【对齐方式】组→【水平居中】按钮 ▤。

（11）行的移动。

选中第 3 行（注意包含行后的回车符），将鼠标指向选中的第 3 行，按住鼠标左键拖动鼠标，光标竖线定位在第 2 行第 1 个单元格内，松开鼠标左键，完成行的移动，完成效果如图 3-26 所示。

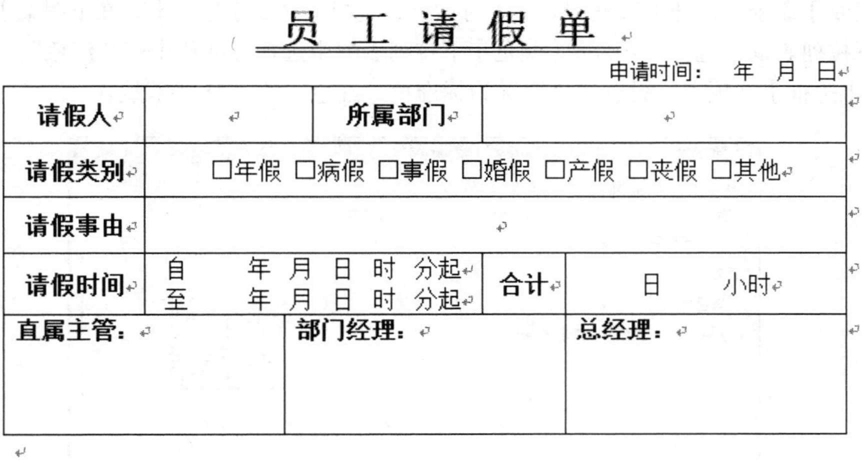

图 3-26 表格格式设置效果图

（12）设置表格边框和底纹。

① 选中表格第 1～4 行，选择【表格工具】/【设计】选项卡→【表格样式】组→【底纹】→【主题颜色】→【蓝色，强调文字颜色 1，淡色 80%】命令。

② 表格第 1～4 行选中状态下，选择【表格工具】/【设计】选项卡→【表格样式】组→【边框】→【边框和底纹】命令，打开【边框和底纹】对话框，选择【边框】选项卡，【设置】选项区域内选择"自定义"，【样式】选择"实线"，【颜色】为"蓝色，强调文字颜色 1"、【宽度】为"1.5磅"，分别单击【预览】选项区内 ▤、▥ 按钮两次（或单击【预览】区域图示中的内边框），再选择【颜色】为"黑色，文字 1"、【宽度】为"2.25 磅"，分别单击【预览】选择区对应按钮或图示设置外边框，如图 3-27 所示，单击【确定】按钮。

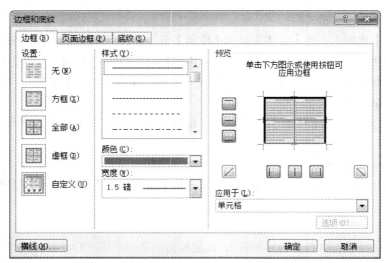

图 3-27 【边框】选项卡

③ 选中表格最后一行，选择【表格工具】/【设计】选项卡→【表格样式】组→【边框】→【边框和底纹】命令，打开【边框和底纹】对话框，选择【底纹】选项卡，在【图案】选项区域的【样式】下拉列表框中选择"20%"，【颜色】下拉列表框中选择标准色中的"红色"，如图 3-28 所示；选择【边框】选项卡，设置边框全部为标准色"红色"的 0.75 磅双线。

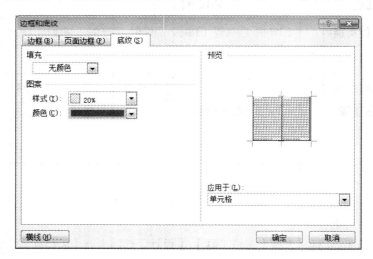

图 3-28 【底纹】选项卡

（13）更改主题，保存文档。

选择【页面布局】选项卡→【主题】组→【主题】→【暗香扑面】命令，完成主题设置。单击快速访问工具栏中的【保存】按钮，以"员工请假单.docx"为文件名保存文档。样文如图 3-29 所示。

员 工 请 假 单

申请时间：   年   月   日

请假人		所属部门				
请假类别	□年假 □病假 □事假 □婚假 □产假 □丧假 □其他					
请假事由						
请假时间	自 年 月 日 时 分起 至 年 月 日 时 分起		合计	日 小时		
直属主管：		部门经理：		总经理：		

图 3-29   员工请假单样文

实验 3-7   Word 2010 表格数据处理

【实验目的】

（1）掌握文本转换为表格的操作。

（2）掌握表格数据的简单处理。

【实验内容】

（1）文本转换为表格。

打开"成绩单.docx"文档，将文字以制表符分隔转换为表格。

（2）填充公式。

计算表格中每个人的总分和各科的平均成绩及总分的平均成绩。

（3）排序。

对表格中学生成绩按总分由高到低排序，总分相同的再按数学成绩由高到低排序。

（4）为表格应用表格样式。

为表格应用"中等深浅底纹 2，强调文字颜色 3"的表格样式，并突出显示汇总行和最后一列。

（5）以原文件名保存文档。

【实验过程】

（1）文本转换为表格。

在资源管理器中双击打开"成绩单.docx"文档，选中所有内容（可按快捷键【Ctrl+A】），选择【插入】选项卡→【表格】组→【表格】→【文本转换成表格】命令，打开【将文字转换成表格】对话框，Word 会根据所选内容自动填充【列数】为"7"，并选择【文字分隔位置】为"制表符"，如图 3-30 所示，单击【确定】按钮。

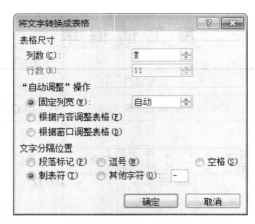

图 3-30　【将文字转换成表格】对话框

（2）填充公式。

① 插入点定位在第二行最后一个单元格，单击【表格工具】/【布局】选项卡→【数据】组→【公式】按钮，打开【公式】对话框，此时 Word 会根据要填充公式单元格位置，在【公式】文本框中智能填充"=SUM(LEFT)"，如图 3-31 所示，否则需手动输入（注意为半角括号），单击【确定】按钮。

图 3-31　【公式】对话框

② 选中所求出的总分并右击，在弹出的快捷菜单中选择【复制】命令（或按快捷键【Ctrl+C】），选中其余要填充总分的单元格，单击【开始】选项卡→【剪贴板】组→【粘贴】按钮（或按快捷键【Ctrl+V】），在填充总分单元格选中状态下，按【F9】键更新域。

③ 插入点定位在最后一行第二个单元格，重复步骤①打开【公式】对话框，删除【公式】文本框内的"SUM(ABOVE)"（注意"="不要删除），从【粘贴函数】下拉列表中选择"AVERAGE"，在半角括号中输入"ABOVE"，最终其公式为"=AVERAGE(ABOVE)"，重复步骤②中复制粘贴公式及更新域的操作，完成所有平均分的填充。

（3）排序。

选中表格除最后一行外所有行，单击【表格工具】/【布局】选项卡→【数据】组→【排序】按钮，打开【排序】对话框，确保【有标题行】单选按钮为选中状态，【主要关键字】下拉列表框中选择"总分"，其后【类型】为"数字"，选择【降序】单选按钮；同样设置次要关键字为"数学"降序，如图 3-32 所示，单击【确定】按钮。

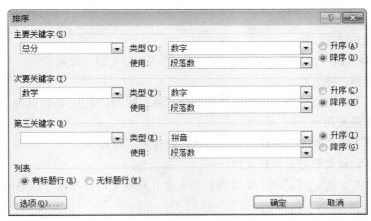

图 3-32　【排序】对话框

（4）为表格应用表格样式。

插入点定位在表格中任意单元格，单击【表格工具】/【设计】选项卡→【表格样式】列表后的下拉按钮，在显示的列表中选择"中等深浅底纹 2-强调文字颜色 3"；选择【表格工具】/【设计】选项卡→【表格样式选项】组→【汇总行】和【最后一列】复选框。

（5）单击快速访问工具栏中的【保存】按钮。样文如图 3-33 所示。

姓名	语文	数学	英语	物理	化学	总分
朱付滢	71	88	84	80	86	409
钟艳梦	65	98	98	85	50	396
张莹	73	93	98	56	76	396
周长春	90	58	55	89	84	376
张祥德	68	88	55	68	89	368
赵永明	84	65	51	91	72	363
周逸依	43	85	85	77	50	340
周丹淦	77	78	59	83	42	339
郑迎凌	73	60	42	57	57	289
平均分	71.56	79.22	69.67	76.22	67.33	**364**

图 3-33　成绩单样文

实验 3-8　邮件合并

【实验目的】

掌握邮件合并的方法及步骤。

【实验内容】

（1）打开主文档。

打开"邀请函主文档.docx"作为邮件合并的主文档。

（2）建立邮件合并数据源。

选择文档类型为"信函"，选择数据源文件为素材文件夹内的"通讯录.xlsx"，数据存储在 Sheet1

工作表中。

（3）插入合并域。

参照图 3-34，插入合并域"邮政编码""公司""地址"和"姓名"。

（4）创建规则，插入域。

在"《姓名》"后创建规则，如果"性别"为"男"则为"先生"，否则为"女士"。

（5）编辑收件人列表。

将收件人列表以"姓名"升序排列，不合并收件人"周长春"。

（6）完成并合并全部记录到新文档。

完成邮件合并；将全部记录（不含周长春）合并到新文档，并以"邀请函-打印.docx"为文件名保存。

（7）保存"邀请函主文档.docx"文档。

【实验过程】

（1）打开主文档。

在资源管理器中双击打开"邀请函主文档.docx"文档。

（2）建立邮件合并数据源。

选择【邮件】选项卡→【开始邮件合并】组→【开始邮件合并】→【信函】命令，再选择【选择收件人】→【使用现有列表】命令，打开【选取数据源】对话框，选取素材文件夹中的"通讯录.xlsx"，单击【打开】按钮，在弹出的【选择表格】对话框中选择"Sheet1$"，单击【确定】按钮，完成数据源的选取。

（3）插入合并域。

将插入点定位在"亲爱的"之后的两个空格中间，选择【邮件】选项卡→【编写和插入域】组→【插入合并域】→【姓名】命令，以同样的方法参照图 3-34，在对应位置插入"邮政编码""公司"和"地址"。

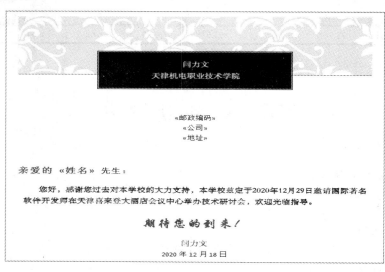

图 3-34　邮件合并样图

（4）创建规则，插入域。

插入点定位在"亲爱的《姓名》:"冒号之前，选择【邮件】选项卡→【编写和插入域】组→【规则】→【如果…那么…否则】命令，打开【插入 Word 域：IF】对话框，在【域名】下拉列表框中选择"性别"，【比较条件】下拉列表框中选择"等于"，【比较对象】文本框输入"男"，【则插入此文字】文本框输入"先生"，【否则插入此文字】文本框输入"女士"，如图 3-35 所示。单击【确定】按钮完成创建规则。

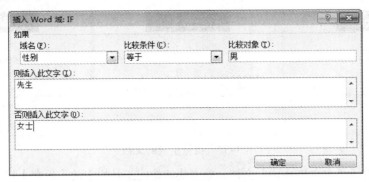

图 3-35 【插入 Word 域：IF】对话框

（5）编辑收件人列表。

① 单击【邮件】选项卡→【开始邮件合并】组→【编辑收件人列表】按钮，打开【邮件合并收件人】对话框，单击【调整收件人列表】选项区内的【排序】，打开【筛选和排序】对话框，在【排序记录】选项卡中，【排序依据】下拉列表框中选择"姓名"，单击【确定】按钮，完成收件人的排序。

② 在收件人列表区内取消选择"周长春"，如图 3-36 所示，单击【确定】按钮。

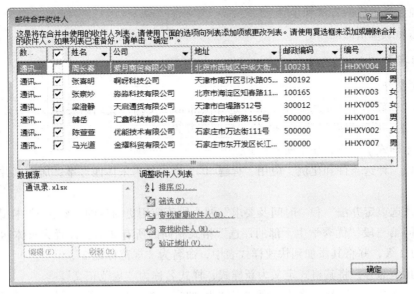

图 3-36 【邮件合并收件人】对话框

（6）完成并合并全部记录到新文档。

选择【邮件】选项卡→【完成】组→【完成并合并】→【编辑单个文档】命令，打开【合并到新文档】对话框，在【合并记录】选项区域中，选择【全部】单选按钮，单击【确定】按钮，生成一个新文档，如图 3-37 所示，单击快速访问工具栏中的【保存】按钮，将其保存为"邀请函-打印.docx"。

图 3-37　批量生成的文档

（7）返回"邀请函主文档.docx"文档，单击快速访问工具栏中的【保存】按钮，以原文件名保存。

实验 3-9　长文档的编辑技巧

【实验目的】

（1）掌握样式的设置及应用。
（2）掌握多级列表设置及应用。
（3）掌握目录生成的方法和步骤。
（4）熟悉导航窗格的应用。

【实验内容】

（1）样式设置。

① 打开"三好学生、优秀学生干部评定办法.docx"文档，文档第一段"三好学生、优秀学生干部评定办法"应用推荐样式列表中的"标题"样式。

② 打开【样式】窗格，显示所有样式。

③ 第二段"评选条件和比例"应用"标题 1"，修改其为宋体四号字，居中，并更新"标题 1"样式。

④ 为"评选审定办法"和"时间及要求"两个段落应用更新后的"标题 1"样式。

⑤ 选择同第三段"优秀学生干部的评选"格式相同的所有文本，设置为宋体四号字、段落的大纲级别为 2 级，并将其添加到快速样式表中，命名为"规范标题 2"。

⑥ 文章其余部分，将其格式定义为新样式，样式名称为"规范正文"。

⑦ 修改"规范正文"样式格式：西文字体为"Times New Roman"，五号字，行距 1.5 倍。

（2）设置多级列表，并链接到样式中。

设置图 3-38 所示的多级列表，1 级的编号格式为"第 x 部分"（x 为自动编号的简体大写数字），编号在 0 厘米处左对齐，文本缩进 0.75 厘米，编号之后为空格，并链接到"标题 1"样式。2 级的编号格式为"x、"（x 为自动编号的简体大写数字），编号在 0.75 厘米处左对齐，文本缩进 1.75 厘米，编号之后为空格，并链接到"规范标题 2"样式。

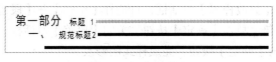

图 3-38　多级列表

（3）添加自动目录。

标题后插入一个空段，插入自动目录 1。

（4）导航窗格的应用。

显示【导航】窗格，浏览文章中标题，将"一、优秀学生干部的评选"和"二、三好学生的评选"部分互换位置。

（5）保存当前文档。

【实验过程】

（1）样式设置。

① 打开"三好学生、优秀学生干部评定办法.docx"文档，插入点定位在第一段"三好学生、优秀学生干部评定办法"中任意位置，选择【开始】选项卡 →【样式】组→【样式库】列表→"标题"样式。

② 单击【开始】选项卡→【样式】组右下角的对话框启动器，打开"样式"窗格，单击右下角的【选项】，打开【样式窗格选项】对话框，在【选择要显示的样式】下拉列表框中选择"所有样式"，如图 3-39 所示，单击【确定】按钮，关闭【样式窗格选项】对话框。

③ 同①对第二段"评选条件和比例"应用"标题 1"样式，选中第二段，利用【开始】选项卡，修改其为宋体四号字；居中，选中状态下右击，在打开的快捷菜单中选择【样式】→【更新标题 1 以匹配所选内容】命令。

④ 选择"评选审定办法"和"时间及要求"两个段落，单击"样式"窗格中的"标题 1"样式。

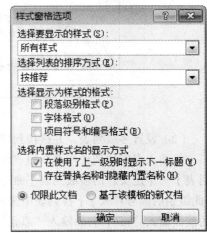

图 3-39　【样式窗格选项】对话框

⑤ 插入点定位在第三段并右击，在弹出的快捷菜单中选择【样式】→【选定所有格式类似的文本（无数据）】命令，利用【开始】选项卡→【字体】组设置文字为宋体四号字；单击【段落】组右下角的对话框启动器，打开【段落】对话框，在【缩进和间距】选项卡中【大纲级别】下拉列表框中选择"2 级"，单击【确定】按钮。在选中区域内右击，在弹出的快捷菜单中选择【样式】→【将所选内容保存为新快速样式】命令，打开【根据格式创建新样式】对话框，在【名称】文本框中输入"规范标题 2"，单击【确定】按钮。

⑥ 插入点定位在文章其余部分，单击【样式】窗格内左下角的【新建样式】按钮▲，打开【根据格式设置创建新样式】对话框，在【名称】文本框中输入"规范正文"，单击【确定】按钮。

⑦ 在【样式】窗格中，单击【规范正文】右侧的下拉列表，在显示的列表中选择【修改】命令，打开【修改样式】对话框，单击其左下角的【格式】按钮，选择列表中的【字体】命令，打开【字体】对话框，设置其西文字体为"Times New Roman"，五号字，单击【确定】按钮，关闭【字体】对话框，返回【修改样式】对话框；再选择【格式】→【段落】命令，打开【段落】对话框，设置行距为 1.5 倍，单击【确定】按钮，关闭【段落】对话框，返回【修改样式】对话框，如图 3-40 所示，单击【确定】按钮，完成样式的修改。

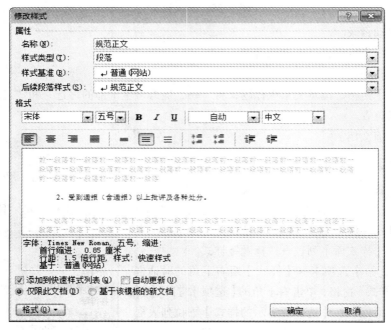

图 3-40 【修改样式】对话框

（2）设置多级列表，并链接到样式中。

将插入点定位到文档第二段"评选条件和比例"，选择【开始】选项卡→【段落】组→【多级列表】→【定义新的多级列表】命令，打开【定义新多级列表】对话框，在左窗格中单击"1"，【此级别的编号样式】下拉列表中选择"一，二，三(简)…"，在【输入编号的格式】文本框中"一"的前面输入"第"，后面输入"部分"，【对齐位置】为"0厘米"，设置【文本缩进位置】为"0.75厘米"；单击【更多】按钮，【将级别链接到样式】下拉列表框中选择"标题1"，在【编号之后】下拉列表框中选择"空格"，如图 3-41 所示；单击左窗格中的"2"，删除【输入编号的格式】文本框所有内容，在【此级别的编号样式】下拉列表框中选择"一，二，三(简)…"，在【输入编号的格式】文本框中"一"的后面输入"、"，【将级别链接到样式】为"规范标题 2"，设置【对齐位置】为"0.75厘米"，【文本缩进位置】为 1.75 厘米，在【编号之后】下拉列表框中选择"空格"，如图 3-42 所示，单击【确定】按钮，完成多级列表设置。

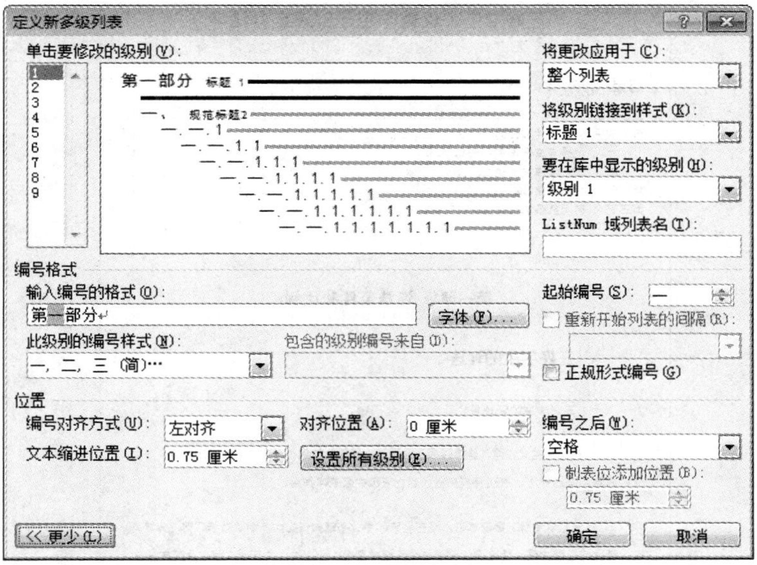

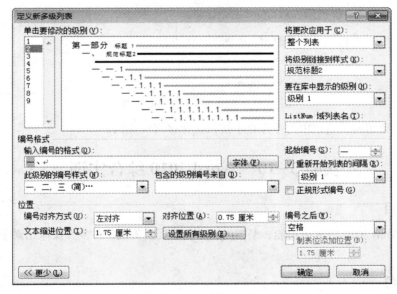

图 3-41　"级别 1"设置

图 3-42　"级别 2"设置

（3）添加自动目录。

插入点定位在标题后，按【Enter】键插入一个空段，选择【引用】选项卡→【目录】组→【目录】→【自动目录 1】命令，将自动目录 1 插入到文档中。

（4）导航窗格的应用。

选择【视图】选项卡→【显示】组→【导航窗格】复选框，显示【导航】窗格，选择【浏览您的文档中标题】选项卡 ，单击"一、优秀学生干部的评选"，按住鼠标左键拖动到"二、三好学生的评选"之后，完成两部分互换位置。第一页样图如图 3-43 所示。

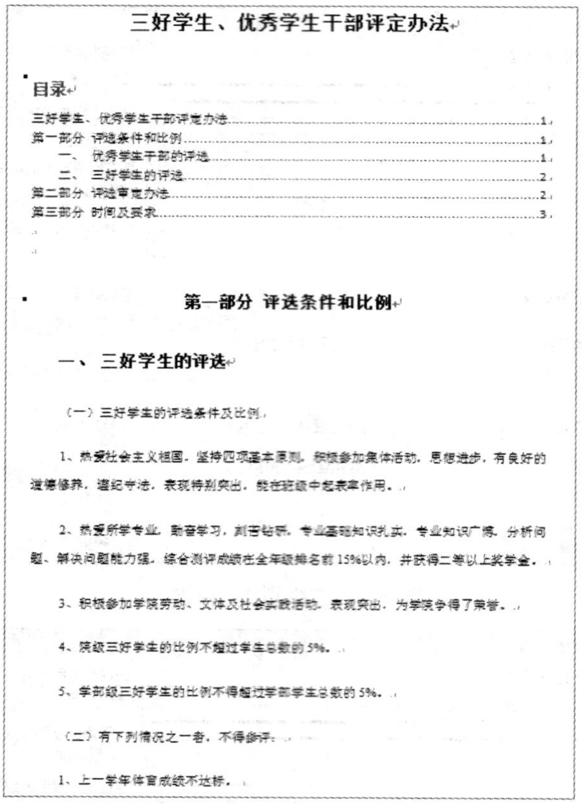

三好学生、优秀学生干部评定办法

目录

三好学生、优秀学生干部评定办法……1
第一部分 评选条件和比例……1
一、 优秀学生干部的评选……1
二、 三好学生的评选……2
第二部分 评选审定办法……2
第三部分 时间及要求……3

第一部分 评选条件和比例

一、 三好学生的评选

（一）三好学生的评选条件及比例

1、热爱社会主义祖国，坚持四项基本原则，积极参加集体活动，思想进步，有良好的道德修养，遵纪守法，表现特别突出，能在班级中起表率作用。

2、热爱所学专业，勤奋学习，刻苦钻研，专业基础知识扎实，专业知识广博，分析问题、解决问题能力强。综合测评成绩在全年级排名前 15%以内，并获得二等以上奖学金。

3、积极参加学院劳动、文体及社会实践活动，表现突出，为学院争得了荣誉。

4、院级三好学生的比例不超过学生总数的 5%。

5、学部级三好学生的比例不得超过学部学生总数的 5%。

（二）有下列情况之一者，不得参评：

1、上一学年体育成绩不达标。

图 3-43　实验 3-9 第 1 页样文图

（5）单击快速访问工具栏中的【保存】按钮，保存当前文档。

实验 3-10　Word 2010 综合实训

【实验目的】

综合利用 Word 2010 的常用功能，编排内容丰富、页面美观、集多种媒体元素于一体的 Word 文档。

【实验内容】

（1）参照图 3-44 和图 3-45（素材文件夹内的“实验 3-10 样图.png”），新建 Word 文档“朱自清.docx”。

（2）使用 IE 打开素材文件夹下“朱自清.html”，将所需文字内容复制到“朱自清.docx”文档内。

（3）参照图 3-44 和图 3-45（素材文件夹内的“实验 3-10 样图.png”）对文档中格式进行必要的设置。关于样文，请注意如下说明：

① 纸张大小为 A4；上、下、左、右页边距均为 1 厘米；页眉、页脚距边界均为 1 厘米。

② 大标题字体为华文琥珀，字号 20，颜色为标准色的蓝色。

朱自清简介

朱自清

朱自清（1898 年 11 月 22 日—1948 年 8 月 12 日），原名自华，号秋实，后改名自清，字佩弦。原籍浙江绍兴，出生于江苏省东海县（今连云港市东海县平明镇）。现代杰出的散文家、诗人、学者、民主战士。

1、人物生平

1912 年进入江苏省立第八中学（今扬州中学）学习。

1916 年中学毕业并成功考入北京大学预科。1917 年升入本科哲学系。在北大期间，朱自清积极参加五四爱国运动。嗣后又参加北大学生为传播新思想而组织的平民教育讲演团，并与武汁谦结婚。

1919 年开始发表诗歌，作为新文学运动初期的诗人之一，他以清新明快的诗作，在诗坛上显出自己的特色。1919 年 2 月出版他的处女作诗集《睡吧，小小的人》。

1920 年修完课程，北京大学哲学系提前毕业。毕业后，先在杭州第一师范，后回到母校江苏省立第八中学（今扬州中学）教授国文、哲学，并任教学主任。继续参加新文学运动，成为文学研究会的早期会员。还参与发起新文学史上第一个诗歌团体“中国新诗社”和创办第一个诗歌杂志《诗》月刊等工作，支持由青年学生组成的湖畔诗社及晨光文学社的活动，为开拓新诗的道路付出了辛勤的劳动。

1921 年参加文学研究会，是“五四”时期重要的作家之一。

1922 年商务印书馆出版了文学研究会 8 位诗人的合集《雪朝》第一集，内收朱自清的诗作 19 首。

1923 年朱自清发表了近 300 行的抒情长诗《毁灭》，表明自己对生活的严肃思考和“一步步踏在土泥上，打上深深的脚印”，这种进取不懈的人生态度，在当时有较大影响。

1924 年，诗和散文集《踪迹》出版。1925 年，朱自清任清华大学中文系教授，开始从事文学研究，创作方面则转为以散文为主。

1928 年第一本散文集《背影》出版，集中所作，均为个人真切的见闻和独到的感受，并以平淡朴素而又清新秀丽的优美文笔独树一帜。

1931 年 8 月，朱自清留学英国，进修语言学和英国文学；后又漫游欧洲五国；1932 年 7 月回国，任清华大学中国文学系主任，与闻一多同事一起治学。

1932 年 8 月 20 日，朱自清携陈竹隐回扬州省亲，朱自清和他的妻子在上海举办婚礼。1932 年 8 月底，朱自清赴欧洲游学。

1934 年，出版《欧游杂记》和《伦敦杂记》，是用印象的笔法写成的两部游记。

1935 年编辑《〈中国新文学大系〉诗集》并撰写《导言》。翌年出版散文集《你我》，其中，《给亡妇》娓娓追忆亡妻武钟，凄婉动人。这一时期，朱自清散文的情致虽较逊于早期，但构思的精巧、态度的诚恳仍一如既往，文学的口语化则更为自然、流畅。

抗日战争爆发后，朱自清随清华大学南下长沙，1938 年 3 月到昆明，任北京大学、清华大学、南开大学合并的西南联合大学中国文学系主任，并当选为中华全国文艺界抗敌协会理事，抗日战争的艰苦岁月里，他以认真严谨的态度从事教学和文学研究，曾与叶圣陶合著《国文教学》等书。

1945 年抗战胜利后，国民党政府发动内战，镇压民主运动。特别是 1946 年 7 月，朱自清的好友李公朴、闻一多的先后遇害，他出席成都各界举行的李、闻惨案追悼大会，并报告闻一多生平事迹。

1946 年 10 月，他从四川回到北平，于 11 月担任“整理闻一多先生遗著委员会”召集人。

1946 年 10 月，经过漫长曲折的道路，在黑暗现实的教育和爱国民主运动的推动下，他成为革命民主主义战士。在反饥饿、反内战的实际斗争中，他贫愚重病，签名于《抗议美国扶日政策并拒绝领取美援面粉宣言》，并嘱告家人不买配售面粉，始终保持着一个正直的爱国知识分子的气节和情操。

1948 年 8 月 12 日，朱自清因患严重的胃病（严重的胃溃疡导致的胃穿孔），不幸逝世，享年 50 岁。

2、名字由来

朱自清之名是他 1917 年报考北京大学时改用的，典出《楚辞·卜居》“宁廉洁正直以自清乎”，意思是廉洁正直使自己保”作为自己的名字，其意是勉励自己在困境中不丧志、不同流合污，保持清白。他同时还取字“佩弦，敌

第 1 页 共 2 页

图 3-44　实验 3-10 第 1 页样文图

朱自清简介

佩弦以自急”，意为弓弦常紧张，性缓者佩弦以自警。

3、个人作品

出版时间	作品	作品类别
1922 年	《雪朝》	诗集
1923 年	《毁灭》	长诗
1924 年	《踪迹》集	诗和散文
1928 年	《背影》	散文
1930 年	《春》	散文
1934 年	《欧游杂记》	散文
1936 年	《你我》	散文
1943 年	《匆匆》	散文
1944 年	《伦敦杂记》	散文
1945 年	《国文教学》	论文集
1946 年	《经典常谈》	论文集
1947 年	《诗言志辨》	诗论
1947 年	《新诗杂谈》	诗论
1948 年	《标准与尺度》	杂文集
1948 年	《语文拾零》	论文集
1948 年	《论雅俗共赏》	杂文集

4、文学贡献

朱自清的散文一是以写社会生活抨击黑暗现实为主要内容的一组散文。二是叙事性和抒情性的小品文，主要描写个人和家庭生活，表现父子、夫妻、朋友间的人伦之情，具有浓厚的人情味。第三，则是以写自然景物为主的一组借景抒情的小品文，是其代表佳作，传诵一代又一代人喜爱至今。后两类散文，是朱自清写得最出色的，其中《背影》《荷塘月色》更是脍炙人口的名篇。其散文素朴缜密、清隽沉郁，以语言洗练、文笔清丽著称，极富有真情实感。朱自清散文，追求一个“真”字，以真挚的感情，写自己的所见所闻所思所感，求得逼真的艺术效果。“真”是朱自清散文的艺术核心，讲真话，写真情，描物实景，是他散文艺术的最高成就。

朱自清的诗，尽管数量不多，却在思想和艺术上呈现出一种纯正朴实的新鲜作风。其中如《光明》《新年》《煤》《送韩伯画往俄国》《羊》《小舱中的现代》等，或热切地追求光明，憧憬未来，或有力地抨击黑暗的世界，揭露血泪的人生，洋溢着反帝反封建的革命精神，是初期新诗中难得的作品。

5、人物评价

朱自清的清廉爱国，赢得了毛泽东同志的高度评价。毛泽东在《别了，司徒雷登》一文中写到：“闻一多拍案而起，横眉怒对国民党的手枪，宁可倒下去，不愿屈服。朱自清一身重病，宁可饿死，不领美国的救济粮。”“我们应当写闻一多颂，写朱自清颂，他们表现了我们民族的英雄气概。”（毛泽东评）

朱自清先生是旧时代知识分子中的典型人物。他曾经是自由主义者，他不太喜欢参加政治活动，特别是比较激烈、斗争性较强的政治活动，但是，他具有正义感，随着国民党和美帝国主义对中国人民奴役、压迫的加强，和向中国人民的武装挑衅、屠杀、镇压，他毕竟忍受不住了。他说话了，行动了，通过文化生活，朗诵诗歌和扭秧歌，表明了他的态度。他明辨是非，爱憎分明，在生命的晚年，终于有了明确的立场。他经自重，骨鲠挺拔，宁肯饿死，坚决拒绝敌人的救济，这种品德，这种气节，是值得我们今天学习的。我们中国人是有骨气的，许多曾经是自由主义者或民主个人主义者的人们，在美帝国主义者及其走狗国民党反动派面前站起来了。（新浪娱乐评）

第 2 页 共 2 页

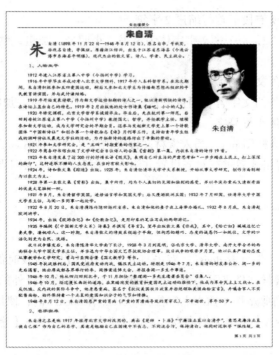

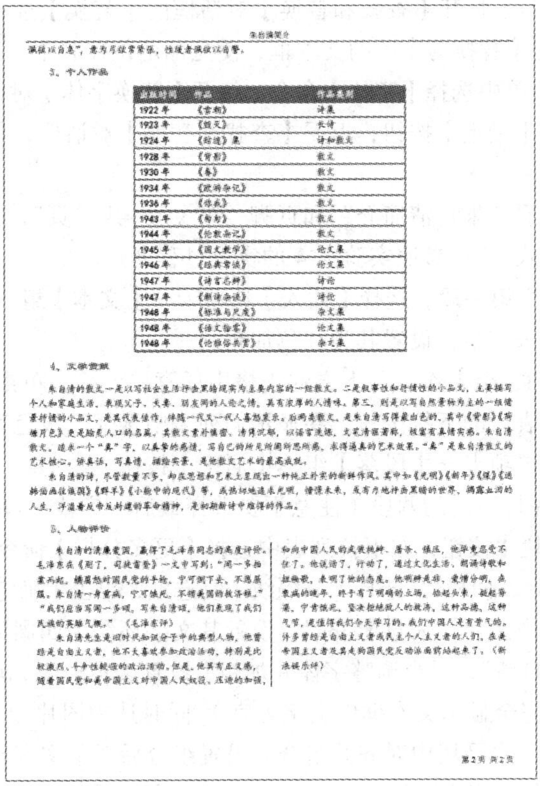

图 3-45　实验 3-10 第 2 页样文图

③ 正文中除表格外所有段落首行缩进 2 字符。

④ 正文中小标题[1，2，3……]文字字体为隶书、小四号、加粗，颜色为标准色的绿色；段前段后 0.5 行。

⑤ 正文中除小标题外文字均为五号楷体。

⑥ 正文中除小标题外的文字若有颜色设置，则为标准色的红色并加粗。

⑦ 页眉页脚均为宋体小五号字。

（4）参照"实验 3-10 样图.png"插入素材文件夹内图片"朱自清.jpg"，通过文本框添加图注文字，适当调整大小设置格式后进行对齐设置并组合，而后设置其为四周型文字环绕，参照样图调整图片位置。

（5）保存"朱自清.docx"。

【实验过程】

（1）新建 Word 文档"朱自清.docx"，双击打开，操作过程中应及时保存文件。

（2）使用 IE 打开素材文件夹下"朱自清.html"，选择除前两行外的所有文字，使用快捷键【Ctrl+C】复制所选内容到剪贴板；插入点定位在"朱自清.docx"内，使用快捷键【Ctrl+V】粘贴内容。使用快捷键【Ctrl+A】全选文档内容，单击【开始】选项卡→【字体】组→【清除格式】按钮。

（3）按照提示要求参照样图设置页面布局、字体、段落格式。

（4）按快捷键【Ctrl+H】打开【查找和替换】对话框的【替换】选项卡，在【查找内容】文本框中输入"散文"，单击【替换为】后的文本框，使光标定位在其中，单击【更多】按钮，选择【格式】按钮，在弹出的菜单中选择【字体】命令，打开【替换字体】对话框，设置字体颜色为标准色的红色并加粗，单击【确定】按钮，返回【查找和替换】对话框，单击【全部替换】按钮完成替换。

（5）参照样图插入页眉"朱自清简介"和页脚"第 x 页 共 y 页"，其中 x 为当前页码，y 为总页数；设置字体段落格式。（可参照实验 3-4 的实验过程 8）。

（6）插入点定位在正文第一段，选择【插入】选项卡→【文本】组→【首字下沉】→【下沉】命令，选中首字下沉的"朱"字，设置其为红色加粗。

（7）插入点定位在"3、个人作品"下方的表格中任意单元格，单击【表格工具】/【设计】选项卡→【表格样式】列表后的下拉按钮，在显示的列表中选择"浅色列表-强调文字颜色 1"；选中整表，单击【开始】选项卡→【段落】组→【居中】按钮。

（8）选中"5、人物评价"后的两段（注意不要选择最后一空段），单击【页面布局】选项卡→【页面设置】组→【分栏】按钮，在下拉列表中选择【更多分栏】命令，打开【分栏】对话框，在【预设】选项区域中选择"两栏"，选择【分隔线】复选框，单击【确定】按钮，完成分栏设置。

（9）插入素材文件夹内图片"朱自清.jpg"，设置其文字环绕为四周型，适当调整大小。插入横排文本框，内容为"朱自清"，适当调整字体并加粗，设置文本框为无填充颜色、无轮廓，适当调整文本框大小（可正好完全显示文本框内文字为宜）。同时选中图片和文本框，参照样图设置图片和文本框相对底端对齐和水平居中对齐并组合，设置组合后对象文字环绕为四周型，参照样图调整对象位置。（具体步骤可参照实验 3-5。）

实验 4—1　Excel 2010 工作表的编辑与格式设置

【实验目的】

（1）熟悉 Excel 2010 启动、退出及工作窗口的组成。

（2）掌握工作簿的创建、打开及保存操作。

（3）掌握工作表和单元格的编辑及格式设置等操作。

【实验内容】

（1）新建工作簿。

在 Excelsc 文件夹下新建工作簿"生产总值.xlsx"。

（2）编辑 Sheet1 工作表。

① 将 Excelsc 文件夹下"生产总值.docx"的内容复制到 Sheet1 工作表 A1 单元格开始处（保留源格式）。

② 在第 1 行前插入一行，并在 A1 单元格输入标题"第一产业生产总值"，格式为楷体、20 磅、加粗、蓝色；将 A1:F1 单元格跨列居中，并为其填充图案颜色为紫色、图案样式为 6.25% 的底纹。

③ 设置第 1～6 行的行高为 30；A、B 列的列宽为"自动调整列宽"，C～F 列的列宽为 14。

④ 设置 A2:F2 单元格文字格式为黑体、12 磅、水平居中对齐；A3:F6 单元格数据在水平和垂直方向均为居中对齐。

⑤ 设置 C3:F6 单元格的数据为"货币"型、负数第 4 种、无货币符号、无小数位。

（3）建立 Sheet1 工作表的副本。

在 Sheet2 工作表之前建立 Sheet1 工作表的副本，并命名为"打印数据"。

（4）编辑"打印数据"工作表。

① 删除"折旧"列。

② 数据区域（不含标题）的外边框线设置为深蓝色粗实线，内边框线设置为蓝色双实线。

③ 将工作表中介于 1 500 万元到 3 000 万元之间的数据设置为红色、倾斜格式。

④ 将 A2:E6 单元格的格式设置为"表样式中等深浅 6"。

⑤ 设置工作表标签的颜色为橙色。

（5）删除 Sheet2 和 Sheet3 工作表。

（6）以原文件名保存文件。

【实验过程】

（1）新建工作簿。

单击【开始】按钮，选择【所有程序】→【Microsoft Office】→【Microsoft Excel 2010】命令，启动 Excel 2010，窗口中自动打开一个名为"工作簿 1"的空白工作簿，选择【文件】→【保存】命令，在打开的【另存为】对话框中，先选择目标文件夹 Excelsc，然后在【文件名】文本框中输入"生产总值"，【保存类型】为"Excel 工作簿（*.xlsx）"，单击【保存】按钮。

（2）编辑 Sheet1 工作表。

① 打开 Excelsc 文件夹，双击打开"生产总值.docx"，复制整个表格；在"生产总值.xlsx"的 Sheet1 工作表中，选定 A1 单元格，单击【开始】选项卡→【剪贴板】组→【粘贴】按钮处的黑色下拉按钮，选择【粘贴选项】→【保留源格式】命令，完成复制操作。

② 选定第 1 行，单击【开始】选项卡→【单元格】组→【插入】右侧的下拉按钮，在下拉列表中选择【插入工作表行】命令插入一个新行（或右击行号 1，在弹出的快捷菜单中选择【插入】命令）。

选定 A1 单元格，输入文字"第一产业生产总值"，按【Enter】键，然后再将其选定，单击【开始】选项卡→【字体】组→【字体】下拉按钮，选择"楷体"，单击【字号】下拉按钮，选择"20"，单击【加粗】按钮，单击【字体颜色】下拉按钮，选择【标准色】中的"蓝色"。

选定 A1:F1 单元格区域，单击【开始】选项卡→【对齐方式】组右下角的对话框启动器（或右击选定的单元格，在弹出的快捷菜单中选择【设置单元格格式】命令），打开【设置单元格格式】对话框，在【对齐】选项卡中选择【水平对齐】为"跨列居中"；再选择【填充】选项卡，在【图案颜色】中选择【标准色】中的"紫色"，在【图案样式】中选择"6.25%灰色"；单击【确定】按钮。

③ 选定第 1~6 行，单击【开始】选项卡→【单元格】组→【格式】按钮，在下拉列表中选择【单元格大小】→【行高】命令（或右击选定行，在弹出的快捷菜单中选择【行高】命令），打开【行高】对话框，在【行高】文本框中输入"30"，如图 4-1 所示，单击【确定】按钮。

图 4-1　设置行高

选定 A、B 列，单击【单元格】组→【格式】按钮，在下拉列表中选择【单元格大小】→【自动调整列宽】命令；选定 C~F 列，单击【单元格】组→【格式】按钮，在下拉列表中选择【单元格大小】→【列宽】命令（或右击选定列，在弹出的快捷菜单中选择【列宽】命令），打开【列宽】对话框，在【列宽】文本框中输入"14"，单击【确定】按钮。

④ 选定 A2:F2 单元格区域，单击【开始】选项卡→【字体】组右下角的对话框启动器，打开【设置单元格格式】对话框，在【字体】选项卡中选择【字体】为"黑体"，【字号】为"12"；在【对齐】选项卡中选择【水平对齐】为"居中"；单击【确定】按钮。

选定 A3:F6 单元格区域，单击【开始】选项卡→【对齐方式】组→【垂直居中】和【居中】按钮，如图 4-2 所示，设置水平和垂直方向均居中对齐。

图 4-2　设置居中对齐

⑤ 选定 C3:F6 单元格区域，单击【开始】选项卡→【数字】组右下角的对话框启动器，打开【设置单元格格式】对话框，如图 4-3 所示，在【数字】选项卡的【分类】列表框中选择"货币"，在【小数位数】微调框中选择"0"，在【货币符号】列表中选择"无"，在【负数】列表框中选择第 4 种，单击【确定】按钮。

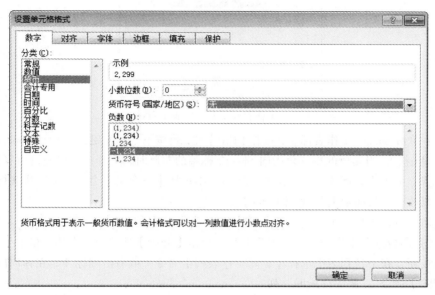

图 4-3　【设置单元格格式】对话框

Sheet1 工作表的效果如图 4-4 所示。

	日期	名称	收入（万元）	支出（万元）	补贴（万元）	折旧（万元）
				第一产业生产总值		
3	2015年3月	农业	2,893	1,500	692	0
4	2015年3月	林业	1,629	931	583	0
5	2015年3月	畜牧业	2,573	1,257	314	0
6	2015年3月	渔业	4,561	2,346	965	0

图 4-4　Sheet1 工作表效果图

（3）建立 Sheet1 工作表的副本。

方法一：在 Sheet1 工作表中，单击【开始】选项卡→【单元格】组→【格式】按钮，在下拉列表中选择【组织工作表】→【移动或复制工作表】命令（或右击 Sheet1 工作表标签，在弹出的快捷菜单中选择【移动或复制】命令），打开【移动或复制工作表】对话框，在【下列选定工作表之前】列表中选择"Sheet2"，并选中【建立副本】复选框，如图 4-5 所示，单击【确定】按钮。再单击【开始】选项卡→【单元格】组→【格式】按钮，在下拉列表中选择【组织工作表】→【重命名工作表】命令，原工作表标签将反白显示，进入编辑状态，将其修改为"打印数据"，按【Enter】键，退出编辑状态，完成重命名操作。

图 4-5　【移动或复制工作表】对话框

方法二：单击 Sheet1 工作表标签，按住【Ctrl】键，再按下鼠标左键向右拖动 Sheet1 标签（此时鼠标指针呈👆状），当黑色的小三角指向 Sheet2 标签的左侧时，先释放鼠标左键再释放【Ctrl】键。右击新建立的工作表标签，在弹出的快捷菜单中选择【重命名】命令，原工作表标签将反白显示，将其修改为"打印数据"，按【Enter】键。

（4）编辑"打印数据"工作表。

① 在"打印数据"工作表中，选定第 F 列，单击【开始】选项卡→【单元格】组→【删除】右侧的下拉按钮，在下拉列表中选择【删除工作表列】命令（或右击列标 F，在弹出的快捷菜单中选择【删除】命令），删除"折旧"列。

② 选定 A2:E6 单元格区域，单击【开始】选项卡→【字体】组→【边框】右侧的下拉按钮，在下拉列表中选择【其他边框】命令，打开【设置单元格格式】对话框，在【线条】选项区域设置【样式】为"粗实线"（第 2 列第 6 个），【颜色】为标准色中的"深蓝"，单击【预置】选项区域的【外边框】按钮；再将【线条】选项区域设置【样式】为"双实线"（第 2 列第 7 个），【颜色】为标准色中的"蓝色"，单击【预置】选项区域的【内部】按钮，单击【确定】按钮。

③ 选定 C3:E6 单元格区域，单击【开始】选项卡→【样式】组→【条件格式】按钮，在下拉列表中选择【突出显示单元格规则】→【介于】命令，打开【介于】对话框，如图 4-6 所示，在第 1 个文本框中输入"1500"，在第 2 个文本框中输入"3000"，在【设置为】文本框中选择【自定义格式】命令，打开【设置单元格格式】对话框，在【字体】选项卡中设置【字形】为"倾斜"，【颜色】为标准色中的"红色"，单击【确定】按钮，关闭【设置单元格格式】对话框，再单击【介于】对话框中的【确定】按钮，完成符合条件的数据格式设置。

图 4-6　【介于】对话框

④ 选定 A2:E6 单元格区域，单击【开始】选项卡→【样式】组→【套用表格格式】按钮，打开预设的套用表格格式列表，选择【中等深浅】区域中的【表样式中等深浅 6】选项，打开【套

用表格式】对话框，如图 4-7 所示，【表数据的来源】默认为 "$A$2:$E$6"，选中【表包含标题】复选框，单击【确定】按钮，完成格式设置。

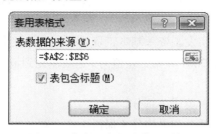

图 4-7　【套用表格式】对话框

"打印数据"工作表效果如图 4-8 所示。

第一产业生产总值				
日期	名称	收入（万元）	支出（万元）	补贴（万元）
2015年3月	农业	2,893	1,500	692
2015年3月	林业	1,629	931	583
2015年3月	畜牧业	2,573	1,257	314
2015年3月	渔业	4,561	2,346	965

图 4-8　"打印数据"工作表效果图

⑤ 单击【开始】选项卡→【单元格】组→【格式】按钮，在下拉列表中选择【组织工作表】区域的【工作表标签颜色】→【橙色】命令。（或右击【打印数据】工作表标签，在弹出的快捷菜单中选择【工作表标签颜色】→【橙色】命令。）

（5）删除 Sheet2 和 Sheet3 工作表。

在 Sheet2 工作表中，单击【开始】选项卡→【单元格】组→【删除】右侧的下拉按钮，在弹出的下拉列表中选择【删除工作表】命令（或右击 Sheet2 工作表标签，在弹出的快捷菜单中选择【删除】命令）。用同样的操作删除 Sheet3 工作表。

（6）选择【文件】→【保存】命令。

实验 4-2　Excel 2010 填充、公式、函数、计算的基本操作

【实验目的】

（1）掌握工作表中数据输入、编辑和修改的操作。

（2）掌握工作表中各种数据的填充操作。

（3）掌握表达式输入及编辑的操作，并能准确、灵活地运用各种运算符。

（4）掌握各类常用函数的使用方法。

（5）掌握并熟练应用单元格的相对引用和绝对引用。

【实验内容】

打开 Excelsc 文件夹下的"数据计算.xlsx"工作簿文件，进行如下操作：

（1）编辑 Sheet1 工作表。

① 填充"实发工资"列，实发工资＝基本工资+岗位工资+奖金–扣款。

② 填充"工号"列，从 142001 开始，差值为 1 递增填充到最后一条记录。

（2）编辑 Sheet2 工作表。

① 计算三科（数学、语文、英语）总分。

② 统计单科的最高分、最低分和平均分（保留 1 位小数）。

③ 填充"名次"列，按总分从高到低的顺序。

④ 根据"总分"填充"奖学金"列，280 分及以上为"一等"，270～279 分为"二等"，260～269 分为"三等"，其余填充空白。

⑤ 统计总人数、各分数段的人数及所占百分比（无小数）。

（3）编辑 Sheet3 工作表。

① 填充"序号"列，用 2 位数表示，即 01、02、03、……。

② 填充"班级"列，班级为年级与专业名称的合并，例如 2011 级英语。

③ 将"出生日期 1"列的数据转换为日期型，填充到"出生日期 2"列。

④ 填充"年龄"列，数值向下取整。

（4）编辑 Sheet4 工作表。

① 填充"合同终止时间"列。

② 填充各部门的"工会会费总计"。

（5）以原文件名保存文件。

【实验过程】

双击 Excelsc 文件夹下的"数据计算.xlsx"文件，将其打开。

（1）编辑 Sheet1 工作表。

① 填充"实发工资"列。

方法一：单击 Sheet1 工作表标签，在 G2 单元格输入"=C2+D2+E2–F2"，按【Enter】键，再选定 G2 单元格，移动鼠标指针到 G2 单元格右下角的填充柄（单元格右下角的小黑方块）上，当鼠标指针由✛变为✚时，双击，填充"实发工资"列。

方法二：单击 Sheet1 工作表标签，在 G2 单元格输入"=C2+D2+E2–F2"，按【Enter】键，再重新选定 G2 单元格并按快捷键【Ctrl+C】复制，然后选定 G3:G21 单元格区域，单击【开始】选项卡→【剪贴板】组→【粘贴】下拉按钮，在下拉列表中单击【公式】按钮（或按快捷键【Ctrl+V】）粘贴公式，如图 4–9 所示，完成"实发工资"列的填充。

② 填充"工号"列。

方法一：在 A2 单元格输入"142001"，按【Enter】键，然后选定 A2:A21 单元格区域，单击【开始】选项卡→【编辑】组→【填充】按钮，在下拉列表中选择【系列】命令，打开【序列】对话框，如图 4–10 所示，在【序列产生在】选项区域选择【列】单选按钮，在【类型】选项区域选择【等差序列】单选按钮，在【步长值】文本框中输入"1"，最后单击【确定】按钮。

图 4-9 粘贴选项

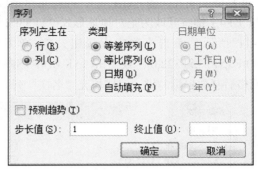

图 4-10 【序列】对话框

方法二：在 A2 单元格输入"142001"，按【Enter】键，再选定 A2 单元格，并移动鼠标指针到此单元格右下角的填充柄上，按住【Ctrl】键，同时按下鼠标左键拖动到 A21 单元格，先释放鼠标左键再释放【Ctrl】键。

方法三：在 A2 单元格输入"142001"，按【Enter】键，在 A3 单元格输入"142002"，按【Enter】键，然后同时选定 A2 和 A3 单元格，再双击 A3 单元格右下角的填充柄。

（2）编辑 Sheet2 工作表。

① 计算总分。使用求和函数 SUM()。

单击 Sheet2 工作表标签，然后选定 F3 单元格，单击【公式】选项卡→【函数库】组→【自动求和】按钮，在下拉列表中选择【求和】命令，F3 单元格显示"=SUM(C3:E3)"，按【Enter】键（或单击编辑栏上的【√】按钮）确认，F3 单元格显示"172"。选定 F3 单元格并拖动右下角的填充柄至 F22 单元格后释放鼠标左键，填充"总分"列。

② 计算最高分、最低分和平均分。分别使用最大值函数 MAX()、最小值函数 MIN()和平均值函数 AVERAGE()。

选定 C23 单元格，单击【公式】选项卡→【函数库】组→【自动求和】按钮，在下拉列表中选择【最大值】命令，C23 单元格显示"=MAX(C3:C22)"，按【Enter】键，C23 单元格显示"96"。选定 C23 单元格并拖动填充柄至 E23 单元格后释放鼠标左键，填充单科最高分。

选定 C24 单元格，单击【公式】选项卡→【函数库】组→【自动求和】按钮，在下拉列表中选择【最小值】命令，C24 单元格显示"=MIN(C3:C23)"，重新选择数据区域"C3:C22"，按【Enter】键，C24 单元格显示"56"。选定 C24 单元格并拖动填充柄至 E24 单元格后释放鼠标左键，填充单科最低分。

选定 C25 单元格，单击【公式】选项卡→【函数库】组→【自动求和】按钮，在下拉列表中选择【平均值】命令，C25 单元格显示"=AVERAGE(C3:C24)"，重新选择数据区域 C3:C22，按【Enter】键，C25 单元格显示"77"。选定 C25 单元格并拖动填充柄至 E25 单元格后释放鼠标左键，填充单科平均分。再选定 C25:E25 单元格区域，单击【开始】选项卡→【数字】组→【增加小数位数】按钮，使平均成绩保留一位小数。

③ 填充"名次"列。使用排位函数 RANK.EQ()。

选定 G3 单元格，单击【公式】选项卡→【函数库】组→【其他函数】按钮，在下拉列表中选择【统计】→【RANK.EQ】命令，打开【函数参数】对话框，光标定位在【Number】文本框中，选择 F3 单元格（或直接输入"F3"），再将光标定位在【Ref】文本框中，选择 F3:F22 单元格区域，再按【F4】键将其改为绝对地址形式"$F$3:$F$22"，【Order】文本框中输入"0"或空白，如图 4-11 所示，单击【确定】按钮，G3 单元格显示"19"，编辑栏显示表达式为"=RANK.EQ(F3,$F$3:$F$22,0)"或"=RANK.EQ(F3,$F$3:$F$22)"。选定 G3 单元格并拖动填充柄至 G22 单元格后释放鼠标左键，完成填充"名次"列。

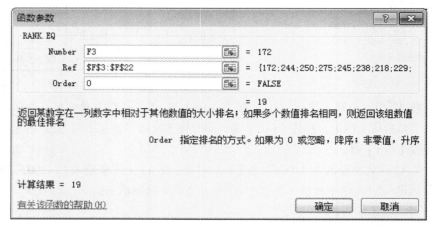

图 4-11　RANK.EQ【函数参数】对话框

④ 填充"奖学金"列。使用条件函数 IF()。

选定 H3 单元格，单击【公式】选项卡→【函数库】组→【逻辑】按钮，在下拉列表中选择【IF】命令，打开【函数参数】对话框，在【Logical_test】文本框中输入"F3>=280"，在【Value_if_true】文本框中输入"一等"，如图 4-12 所示。

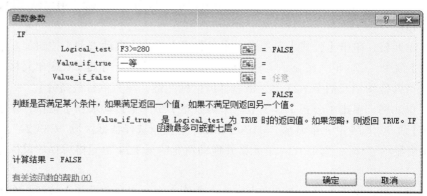

图 4-12　IF【函数参数】对话框 1

光标定位在【Value_if_false】文本框中，单击编辑栏左端的【IF】函数按钮，打开第二个【函数参数】对话框，在【Logical_test】文本框中输入"F3>=270"，在【Value_if_true】文本框中输入"二等"，如图 4-13 所示。

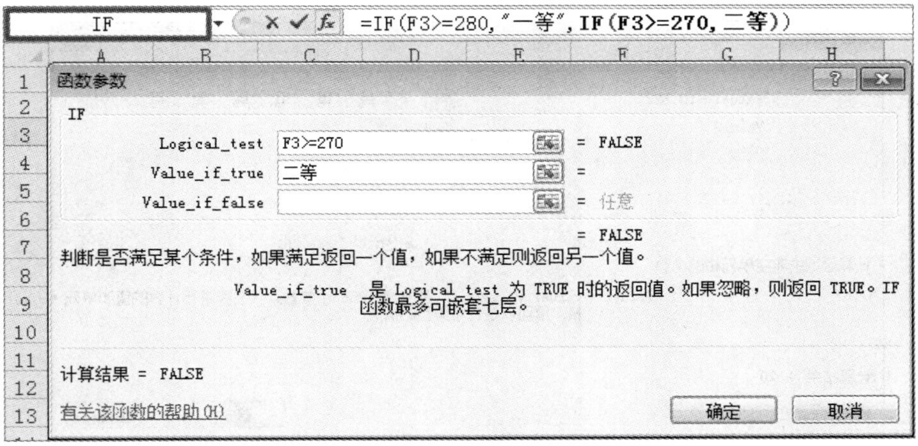

图 4-13　IF【函数参数】对话框 2

光标定位在【Value_if_false】文本框中，再次单击编辑栏左端的【IF】函数按钮，打开第三个【函数参数】对话框，在【Logical_test】文本框中输入 "F3>=260"，在【Value_if_true】文本框中输入 "三等"，在【Value_if_false】文本框中输入 """"，如图 4-14 所示，单击【确定】按钮，H3 单元格显示空白，编辑栏显示表达式为 "=IF(F3>=280,"一等",IF(F3>=270,"二等",IF(F3>=260,"三等","")))"。拖动 H3 单元格的填充柄至 H22 单元格后释放鼠标左键，填充 "奖学金" 列。

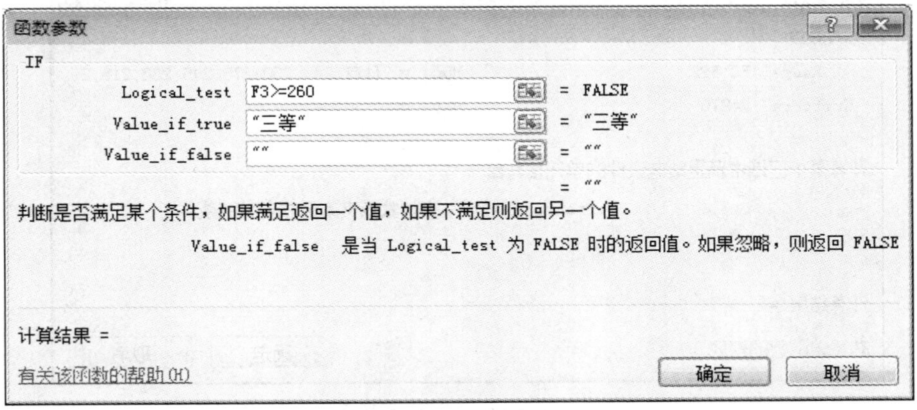

图 4-14　IF【函数参数】对话框 3

⑤ 统计总人数、各分数段的人数及所占百分比。使用计数函数 COUNT()或 COUNTA()、条件计数函数 COUNTIF()。

选定 J16 单元格，单击【公式】选项卡→【函数库】组→【自动求和】下拉按钮，在下拉列表中选择【计数】命令，再选择数据区域 F3:F22（也可选取其他单科成绩数据区域），按【Enter】键，J16 单元格显示 "20"，编辑栏显示表达式为 "=COUNT(F3:F22)"。（或选择【公式】选项卡→【函数库】组→【其他函数】→【统计】→【COUNTA】命令，打开 COUNTA【函数参数】对话框，【Value1】文本框中可以选择单元格中的任意一列数据区域如 B3:B22，如图 4-15 所示。）

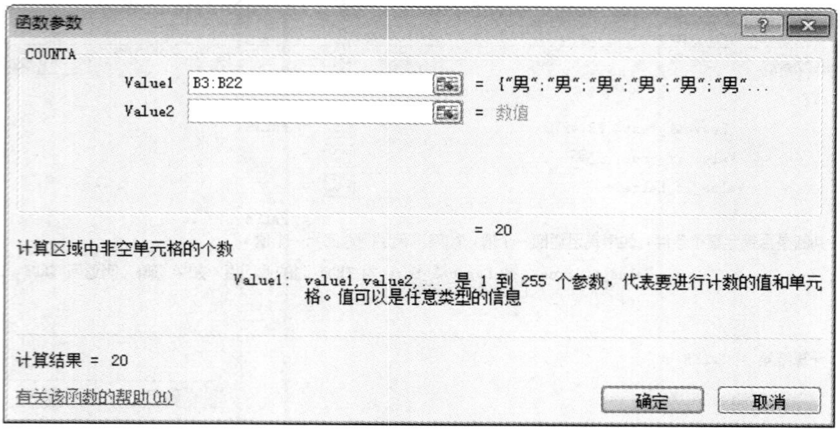

图 4-15　COUNTA【函数参数】对话框

选定 J12 单元格，单击【公式】选项卡→【函数库】组→【其他函数】按钮，在下拉列表中选择【统计】→【COUNTIF】命令，打开【函数参数】对话框，在【Range】文本框中选择数据区域 F3:F22，在【Criteria】文本框中输入"＞=270"，如图 4-16 所示，单击【确定】按钮，J12 单元格显示"3"，编辑栏显示表达式为"=COUNTIF(F3:F22,"＞=270")"。

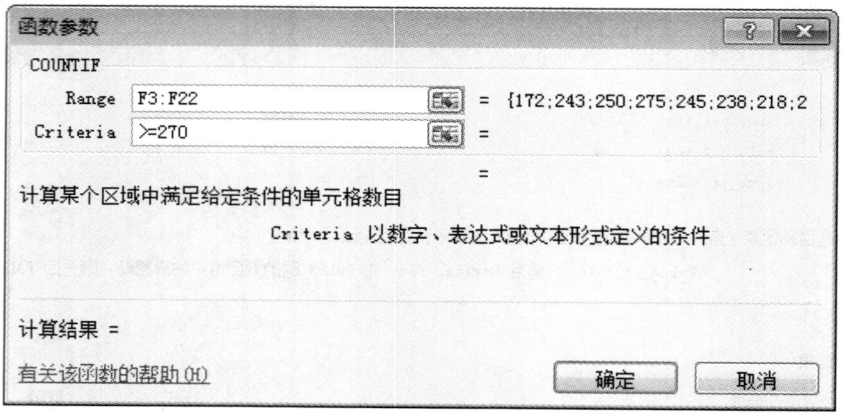

图 4-16　COUNTIF【函数参数】对话框

选定 J13 单元格，选择 COUNTIF()函数，在【函数参数】对话框中，选择【Range】的数据区域为 F3:F22，在【Criteria】文本框中输入"＞=180"，单击【确定】按钮，J13 单元格显示"17"，编辑栏显示"=COUNTIF(F3:F22,"＞=180")"，光标定位到编辑栏末端输入"－"（减号），再单击编辑栏左端的【COUNTIF】函数按钮，打开第二个【函数参数】对话框，选择【Range】的数据区域为 F3:F22，在【Criteria】文本框中输入"＞=270"，单击【确定】按钮，编辑栏显示表达式为"=COUNTIF(F3:F22,"＞=180")－COUNTIF(F3:F22,"＞=270")"，J13 单元格显示"14"。

选定 J14 单元格，单击编辑栏左侧的【插入函数】按钮 *fx*，打开【插入函数】对话框，在【或选择类别】下拉列表框中选择"统计"（若无法确定类别可选择"全部"），在【选择函数】列表框中选择"COUNTIF"，如图 4-17 所示，单击【确定】按钮，打开 COUNTIF【函数参数】对话框，选择【Range】的数据区域为 F3:F22，【Criteria】文本框中输入"＜180"，单击【确定】按钮，J14

单元格显示"3"，编辑栏显示表达式为"=COUNTIF(F3:F22,"<180")"。

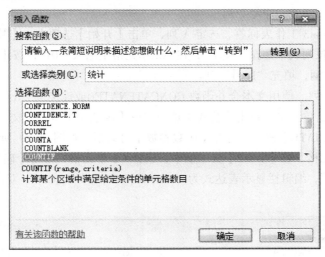

图 4-17　【插入函数】对话框

选定 K12 单元格，输入"="，单击 J12 单元格，然后输入"/"，再单击 J16 单元格，按【F4】键将其改为绝对地址形式"$J$16"，编辑栏显示表达式为"=J12/$J$16"，按【Enter】键，K12 单元格显示"0.15"。选定 K12 单元格，拖动 K12 单元格的填充柄至 K14 单元格后释放鼠标左键。选定 K12:K14 单元格区域，单击【开始】选项卡→【数字】组→【百分比样式】按钮，将单元格内的数据格式设为百分比样式。

Sheet2 工作表效果如图 4-18 所示。

	A	B	C	D	E	F	G	H	I	J	K
1					考试成绩表						
2	姓名	性别	数学	语文	英语	总分	名次	奖学金			
3	杨浩	男	56	64	52	172	19				
4	赵海涛	男	81	85	78	244	8				
5	张晓飞	男	84	88	78	250	6				
6	韦宝国	男	94	91	90	275	2	二等			
7	姜波	男	75	86	84	245	7				
8	吴涓	男	79	77	82	238	10				
9	武娟	女	68	74	76	218	17				
10	王鹏达	男	73	76	80	229	14			考试成绩统计	
11	徐凯	男	77	74	78	229	14		分数段	人数	占总人数的百分比
12	李凤兰	女	79	78	80	237	11		270分以上	3	15%
13	张立群	男	90	91	89	270	3	二等	180～269	14	70%
14	刘楠	男	87	85	72	244	8		180分以下	3	15%
15	贺泽宏	男	56	51	62	169	20				
16	于晓晨	女	63	79	79	221	16		总人数	20	
17	刘立伟	男	87	90	92	269	4	三等			
18	叶振彪	男	57	55	62	174	18				
19	孙平会	女	85	82	93	260	5	三等			
20	钱红	女	96	99	88	283	1	一等			
21	周雪丽	女	76	78	80	234	12				
22	王征	男	79	78	74	231	13				
23		单科最高分	96	95	93						
24		单科最低分	56	51	52						
25		单科平均分	77.1	78.9	78.7						

图 4-18　Sheet2 工作表效果图

（3）编辑 Sheet3 工作表。

① 填充"序号"列。

方法一：单击 Sheet3 工作表标签，在 A2 单元格中输入 "'01"，按【Enter】键，再选定 A2 单元格并双击填充柄，填充"序号"列。

方法二：单击 Sheet3 工作表标签，选定 A 列，单击【开始】选项卡→【数字】组→【数字格式】下拉按钮，在下拉列表中选择"文本"，在 A2 单元格中输入"01"，按【Enter】键，再选定 A2 单元格并双击填充柄，填充"序号"列。

② 填充"班级"列。使用文本合并函数 CONCATENATE()或连接符 "&"。

方法一：选定 D2 单元格，单击【公式】选项卡→【函数库】组→【文本】按钮，在下拉列表中选择【CONCATENATE】命令，打开【函数参数】对话框，如图 4-19 所示，在【Text1】文本框中，选择 B2 单元格，在【Text2】文本框中，选择 C2 单元格，单击【确定】按钮，D2 单元格显示"2011 级英语"，编辑栏显示表达式为"=CONCATENATE(B2,C2)"。双击 D2 单元格的填充柄，填充"班级"列。

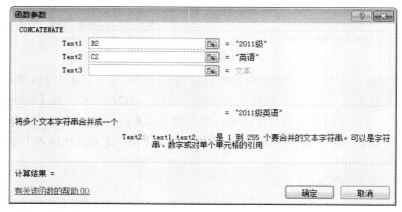

图 4-19　CONCATENATE【函数参数】对话框

方法二：选定 D2 单元格，输入 "="，单击 B2 单元格，然后输入 "&"，再单击 C2 单元格，编辑栏显示表达式为 "=B2&C2"，按【Enter】键，D2 单元格显示"2011 级英语"。双击 D2 单元格的填充柄，填充"班级"列。

③ 填充"出生日期 2"列。使用日期函数 DATE()和截取字符串函数 LEFT()、MID()、RIGHT()。

选定 H2 单元格，单击【公式】选项卡→【函数库】组→【日期和时间】按钮，在下拉列表中选择【DATE】命令，打开【函数参数】对话框，在【Year】文本框中输入"LEFT(G2,4)"，【Month】文本框中输入 "MID(G2,5,2)"，【Day】文本框中输入 "RIGHT(G2,2)"，如图 4-20 所示，单击【确定】按钮，H2 单元格显示"1992/10/21"，编辑栏显示表达式为"=DATE(LEFT(G2,4),MID(G2,5,2),RIGHT(G2,2))"。双击 H2 单元格的填充柄，填充"出生日期 2"列。

④ 填充"年龄"列。使用日期函数 TODAY()和向下取整函数 INT()。

选定 I2 单元格，单击【公式】选项卡→【函数库】组→【数学和三角函数】按钮，在下拉列表中选择【INT】命令，打开【函数参数】对话框，在【Number】文本框中输入"(TODAY()-H2)/365"，如图 4-21 所示，单击【确定】按钮，编辑栏显示表达式为"=INT((TODAY()-H2)/365)"。双击 I2 单元格的填充柄，填充"年龄"列。

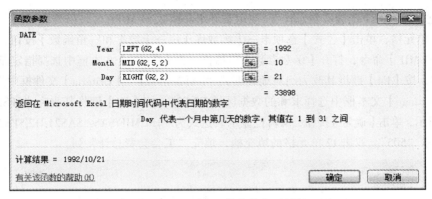

图 4-20　DATE【函数参数】对话框 1

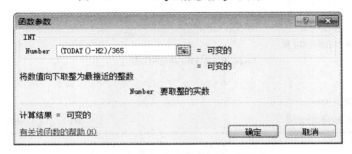

图 4-21　INT【函数参数】对话框

（4）编辑 Sheet4 工作表。

① 填充"合同终止时间"列。使用日期函数 DATE()。

单击 Sheet4 工作表标签，选定 E2 单元格，单击【公式】选项卡→【函数库】组→【日期和时间】按钮，在下拉列表中选择【DATE】命令，打开【函数参数】对话框，在【Year】文本框中输入"YEAR(C2)+D2"，【Month】文本框中输入"MONTH(C2)"，【Day】文本框中输入"DAY(C2)"，如图 4-22 所示，单击【确定】按钮，E2 单元格显示"2015 年 1 月 6 日"，编辑栏显示表达式为"=DATE(YEAR(C2)+D2,MONTH(C2),DAY(C2))"。双击 E2 单元格的填充柄，填充"合同终止时间"列。

图 4-22　DATE【函数参数】对话框 2

② 填充各部门的"工会会费总计"。使用条件求和函数 SUMIF()。

选定 I2 单元格，单击【公式】选项卡→【函数库】组→【数学和三角函数】按钮，在下拉列表中选择【SUMIF】命令，打开【函数参数】对话框，在【Range】文本框中选择指定条件的数据区域 A2:A21，按【F4】键将其改为绝对地址形式"$A$2:$A$21"，【Criteria】文件框中选择 H2 单元格，【Sum_range】文本框中选择求和的数据区域 F2:F21，按【F4】键将其改为"$F$2:$F$21"，如图 4-23 所示，单击【确定】按钮，编辑栏显示表达式为"=SUMIF($A$2:$A$21,H2,$F$2:$F$21)"，I2 单元格显示"505"。双击 I2 单元格的填充柄，填充"工会会费总计"列。

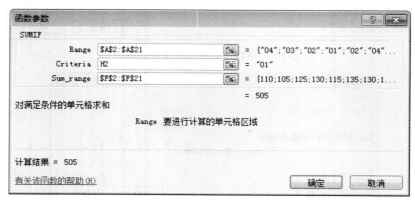

图 4-23　SUMIF【函数参数】对话框

Sheet4 工作表效果如图 4-24 所示。

	A	B	C	D	E	F	G	H	I
1	部门号	姓名	合同起始时间	合同年限	合同终止时间	工会会费		部门号	工会会费总计
2	04	贺泽宏	2010年1月6日	5	2015年1月6日	110		01	505
3	03	姜一波	2012年3月12日	2	2014年3月12日	105		02	590
4	02	李凤兰	2009年8月7日	5	2014年8月7日	125		03	690
5	01	刘立伟	2013年4月12日	1	2014年4月12日	130		04	605
6	02	刘楠	2011年1月4日	4	2015年1月4日	115			
7	04	钱红	2009年9月27日	4	2013年9月27日	135			
8	02	孙平会	2010年3月15日	5	2015年3月15日	130			
9	03	王鹏达	2012年12月1日	3	2015年12月1日	110			
10	03	王征	2011年2月21日	4	2015年2月21日	105			
11	02	韦宝国	2013年4月12日	1	2014年4月12日	100			
12	02	吴滔	2014年9月1日	1	2015年9月1日	120			
13	04	武明娟	2010年3月11日	5	2015年3月11日	120			
14	01	徐凯	2012年1月16日	3	2015年1月16日	125			
15	04	杨浩	2013年4月23日	1	2014年4月23日	125			
16	03	叶振彪	2012年5月12日	3	2015年5月12日	115			
17	01	于晓晨	2009年8月18日	5	2014年8月18日	120			
18	03	张立群	2011年1月10日	4	2015年1月10日	125			
19	03	张晓飞	2009年6月3日	5	2014年6月3日	130			
20	01	赵海霞	2011年12月1日	4	2015年12月1日	130			
21	04	周雪丽	2013年7月24日	1	2014年7月24日	115			

图 4-24　Sheet4 工作表效果图

（5）选择【文件】→【保存】命令保存文件。

实验 4-3　Excel 2010 排序、筛选、分类汇总等的数据处理

【实验目的】

掌握排序、筛选和分类汇总的数据处理操作。

【实验内容】

打开 Excelsc 文件夹下的"数据处理.xlsx"工作簿文件，进行如下操作：

（1）建立副本。

在工作表 Sheet2、Sheet3 中建立 Sheet1 的副本。

（2）数据排序。

① 简单排序。在 Sheet1 工作表中，按系别升序进行排序。

② 多重条件排序。在 Sheet2 工作表中，按系别升序、人数降序进行排序。

（3）数据筛选。

① 自动筛选。在 Sheet1 工作表中，利用自动筛选得到系别为文学系和数学系、人数大于等于 94 且小于 104 的记录，并将结果复制到 A23 起始的单元格。

② 高级筛选。在 Sheet1 工作表中，进行高级筛选操作，筛选条件：2011 级数学系或者 2012 级所有系中人数大于 90 且小于 100 的记录，条件区域起始单元格定位在 G2 单元格，筛选结果复制到 G10 起始的单元格。

（4）分类汇总。

在 Sheet3 工作表中，按系别统计各年级的报名人数和报名费总和，系别和年级都按升序排列。

（5）以原文件名保存文件。

【实验过程】

双击 Excelsc 文件夹下的"数据处理.xlsx"文件，将其打开。

（1）建立副本。

单击 Sheet1 工作表标签，然后单击全选按钮（左上角列标 A 和行号 1 相交处的小三角符号所在的矩形框）选中整个工作表，再单击【开始】选项卡→【剪贴板】组→【复制】按钮；在 Sheet2 工作表中，选定 A1 单元格，单击【开始】选项卡→【剪贴板】组→【粘贴】按钮，选择【粘贴】命令，在 Sheet3 工作表中进行同样的粘贴操作，建立 Sheet1 工作表的副本。

（2）数据排序。

① 简单排序。

单击 Sheet1 工作表标签，在数据区域中选定"系别"列的任意一个单元格，单击【数据】选项卡→【排序和筛选】组→【升序】按钮，排序结果如图 4-25 所示。

② 多重条件排序。

单击 Sheet2 工作表标签，在数据区域中选定任一单元格，单击【数据】选项卡→【排序和筛选】组→【排序】按钮，打开【排序】对话框，选中【数据包含标题】复选框，在【主要关键字】下拉列表框中选择"系别"，【排序依据】选择"数值"，【次序】选择"升序"；单击对话框左上方的【添加条件】按钮，为数据添加第二个排序关键字，【次要关键字】选择"人数"，【排序依据】选择"数值"，【次序】选择"降序"，如图 4-26 所示，单击【确定】按钮，完成按多重条件排序的操作，排序结果如图 4-27 所示。

	A	B	C	D	E
1	考试报名登记表				
2	系别	年级	专业	人数	报名费
3	化学系	2012级	化学教育	112	2800
4	化学系	2011级	物理化学	88	2200
5	化学系	2011级	化学教育	98	2450
6	化学系	2012级	物理化学	97	2425
7	计算机系	2012级	网络工程	90	2250
8	计算机系	2011级	计算机应用	95	2375
9	计算机系	2012级	计算机应用	86	2150
10	计算机系	2011级	网络工程	91	2275
11	数学系	2012级	应用数学	95	2375
12	数学系	2012级	数学教育	98	2450
13	数学系	2011级	应用数学	103	2575
14	数学系	2011级	数学教育	94	2350
15	文学系	2011级	新闻学	73	1825
16	文学系	2011级	语言学	104	2600
17	文学系	2012级	新闻学	78	1950
18	文学系	2012级	语言学	99	2475

图 4-25　按"系别"升序排序

图 4-26　【排序】对话框

	A	B	C	D	E
1	考试报名登记表				
2	系别	年级	专业	人数	报名费
3	化学系	2012级	化学教育	112	2800
4	化学系	2011级	化学教育	98	2450
5	化学系	2012级	物理化学	97	2425
6	化学系	2011级	物理化学	88	2200
7	计算机系	2011级	计算机应用	95	2375
8	计算机系	2011级	网络工程	91	2275
9	计算机系	2012级	网络工程	90	2250
10	计算机系	2012级	计算机应用	86	2150
11	数学系	2011级	应用数学	103	2575
12	数学系	2012级	数学教育	98	2450
13	数学系	2012级	应用数学	95	2375
14	数学系	2011级	数学教育	94	2350
15	文学系	2011级	语言学	104	2600
16	文学系	2012级	语言学	99	2475
17	文学系	2012级	新闻学	78	1950
18	文学系	2011级	新闻学	73	1825

图 4-27　按多重条件排序

（3）数据筛选。

① 自动筛选。可以利用列标题的下拉列表框，也可以利用【自定义自动筛选方式】对话框完成。

单击 Sheet1 工作表标签，在数据区域中选定任一单元格，单击【数据】选项卡→【排序和筛选】组→【筛选】按钮🔽，再单击【系别】单元格下拉按钮，在【系别】下拉列表中，先取消选择【全选】复选框，然后选中【文学系】和【数学系】复选框，如图 4-28 所示，单击【确定】按钮。

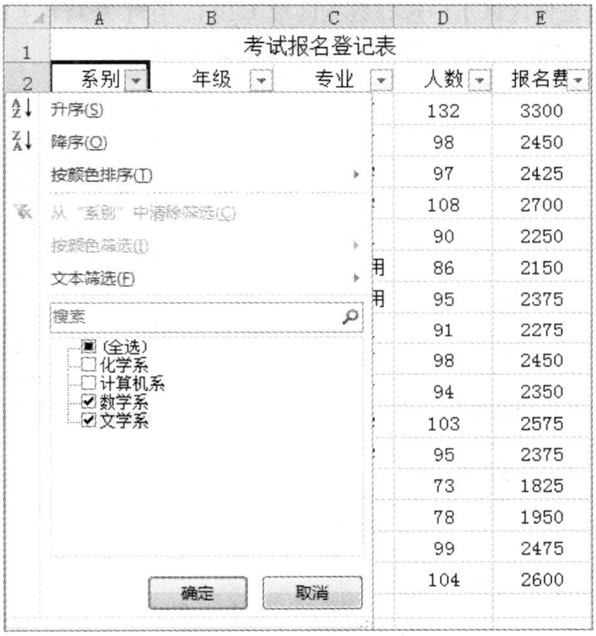

图 4-28　"自动筛选"列表框

单击【人数】单元格下拉按钮，在下拉列表中选择【数字筛选】→【自定义筛选】命令，打开【自定义自动筛选方式】对话框，在【人数】的第一个下拉列表框中选择"大于或等于"，在右侧的文本框中输入"94"，选中【与】单选按钮，在【人数】的第二个下拉列表框中选择"小于"，在右侧的文本框中输入"104"，如图 4-29 所示，单击【确定】按钮，完成自动筛选，结果如图 4-30 所示。

图 4-29　【自定义自动筛选方式】对话框

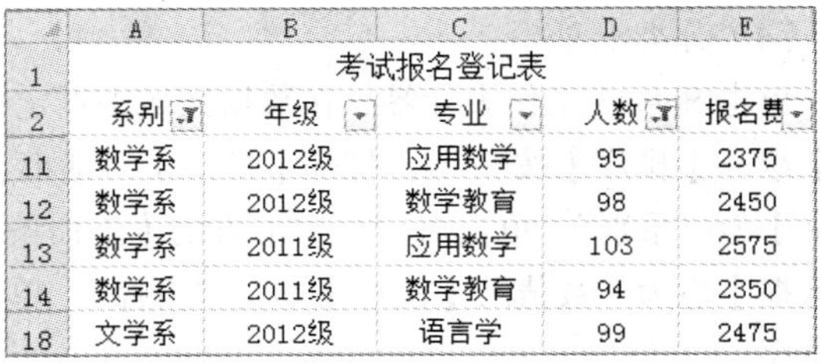

	A	B	C	D	E
1	考试报名登记表				
2	系别	年级	专业	人数	报名费
11	数学系	2012级	应用数学	95	2375
12	数学系	2012级	数学教育	98	2450
13	数学系	2011级	应用数学	103	2575
14	数学系	2011级	数学教育	94	2350
18	文学系	2012级	语言学	99	2475

图 4-30　【自动筛选】结果

复制"自动筛选"得到的报名信息（包含列标题），在 A23 单元格中右击，在弹出的快捷菜单中选择【粘贴选项】→【粘贴】命令，将筛选结果复制到指定位置。

② 高级筛选。

在 Sheet1 工作表中，先单击【筛选】按钮结束自动筛选操作，然后将字段名"系别""年级""人数""人数"分别复制到 G2、H2、I2、J2 单元格中，再输入筛选条件，如图 4-31 所示。选定数据区域中的任一单元格，然后单击【数据】选项卡→【排序和筛选】组→【高级】按钮，打开【高级筛选】对话框，选中【将筛选结果复制到其他位置】单选按钮；在【列表区域】中选择数据区域 A2:E18，在【条件区域】中选择数据区域 G2:J4，在【复制到】中选择单元格 G10，如图 4-32 所示，单击【确定】按钮，高级筛选结果如图 4-33 所示。

系别	年级	人数	人数
数学系	2011级	>90	<100
	2012级	>90	<100

图 4-31　高级筛选条件

图 4-32　【高级筛选】对话框

	A	B	C	D	E	F	G	H	I	J	K
1			考试报名登记表								
2	系别	年级	专业	人数	报名费		系别	年级	人数	人数	
3	化学系	2012级	化学教育	112	2800		数学系	2011级	>90	<100	
4	化学系	2011级	物理化学	88	2200			2012级	>90	<100	
5	化学系	2011级	化学教育	98	2450						
6	化学系	2012级	物理化学	97	2425						
7	计算机系	2012级	网络工程	90	2250						
8	计算机系	2011级	计算机应用	95	2375						
9	计算机系	2012级	计算机应用	86	2150						
10	计算机系	2011级	网络工程	91	2275		系别	年级	专业	人数	报名费
11	数学系	2012级	应用数学	95	2375		化学系	2012级	物理化学	97	2425
12	数学系	2012级	数学教育	98	2450		数学系	2012级	应用数学	95	2375
13	数学系	2011级	应用数学	103	2575		数学系	2012级	数学教育	98	2450
14	数学系	2011级	数学教育	94	2350		数学系	2011级	数学教育	94	2350
15	文学系	2011级	新闻学	73	1825		文学系	2012级	语言学	99	2475
16	文学系	2011级	语言学	104	2600						
17	文学系	2012级	新闻学	78	1950						
18	文学系	2012级	语言学	99	2475						

图 4-33　高级筛选结果

（4）分类汇总。

单击 Sheet3 工作表标签，在数据区域中选定任一单元格，单击【数据】选项卡→【排序和筛选】组→【排序】按钮，打开【排序】对话框，选中【数据包含标题】复选框，设置【主要关键字】为"系别"，单击对话框左上方的【添加条件】按钮，设置【次要关键字】为"年级"，【排序依据】均为"数值"，【次序】均为"升序"，单击【确定】按钮，完成"系别"和"年级"的双重排序。

选定数据区域中任一单元格，单击【数据】选项卡→【分级显示】组→【分类汇总】按钮，打开【分类汇总】对话框，设置【分类字段】为"系别"，【汇总方式】为"求和"，【选定汇总项】为"人数"和"报名费"，并选中【替换当前分类汇总】和【汇总结果显示在数据下方】复选框，如图 4-34 所示，单击【确定】按钮，完成按"系别"分类汇总。

在数据区域中，再次单击【分类汇总】按钮，打开【分类汇总】对话框，在【分类汇总】对话框中设置【分类字段】为"年级"，【汇总方式】为"求和"，【选定汇总项】为"人数"和"报名费"，取消选中【替换当前分类汇总】复选框，如图 4-35 所示，单击【确定】按钮，完成分类汇总的操作。

图 4-34　按"系别"分类汇总　　　　　　　图 4-35　按"年级"分类汇总

Sheet3 工作表效果如图 4-36 所示。

	A	B	C	D	E
1	考试报名登记表				
2	系别	年级	专业	人数	报名费
3	化学系	2011级	物理化学	88	2200
4	化学系	2011级	化学教育	98	2450
5		2011级 汇总		186	4650
6	化学系	2012级	化学教育	112	2800
7	化学系	2012级	物理化学	97	2425
8		2012级 汇总		209	5225
9	化学系 汇总			395	9875
10	计算机系	2011级	计算机应用	95	2375
11	计算机系	2011级	网络工程	91	2275
12		2011级 汇总		186	4650
13	计算机系	2012级	网络工程	90	2250
14	计算机系	2012级	计算机应用	86	2150
15		2012级 汇总		176	4400
16	计算机系 汇总			362	9050
17	数学系	2011级	应用数学	103	2575
18	数学系	2011级	数学教育	94	2350
19		2011级 汇总		197	4925
20	数学系	2012级	应用数学	95	2375
21	数学系	2012级	数学教育	98	2450
22		2012级 汇总		193	4825
23	数学系 汇总			390	9750
24	文学系	2011级	新闻学	73	1825
25	文学系	2011级	语言学	104	2600
26		2011级 汇总		177	4425
27	文学系	2012级	新闻学	78	1950
28	文学系	2012级	语言学	99	2475
29		2012级 汇总		177	4425
30	文学系 汇总			354	8850
31	总计			1501	37525

图 4-36　Sheet3 工作表效果图

（5）选择【文件】→【保存】命令保存文件。

实验 4—4　Excel 2010 图表、数据透视表的制作

【实验目的】

（1）了解图表的类型及组成元素。
（2）掌握创建常用图表的操作。
（3）掌握图表的编辑和格式化。
（4）掌握图表工具栏的使用。
（5）掌握数据透视表的创建和编辑操作。

【实验内容】

打开 Excelsc 文件夹下的"数据分析.xlsx"工作簿文件，进行如下操作：

（1）创建"簇状柱形图"。

① 建立图表。

在 Sheet1 工作表中，根据物流公司交易清单建立"簇状柱形图"，分类轴为"月份"，数据轴为民航和汽运的交易额。

② 图表的编辑和格式化。

A．图表标题为"物流公司交易图"，格式为隶书、加粗、20 磅、蓝色，位于图表上方。

B．图例位置"靠上"，边框为"蓝色实线"。

C．显示"模拟运算表和图例项标示"。

D．作为新工作表插入到 Sheet1 工作表之后，新工作表命名为"物流公司交易图"。

（2）更改图表类型。

① 建立图表副本。

在 Sheet2 工作表之前建立"物流公司交易图"副本，并命名为"物流公司交易新图"。

② 更改图表类型。

在"物流公司交易新图"中更改图表类型为"簇状条形图"。

③ 图表的编辑和格式化。

在"物流公司交易新图"中进行操作：

A．不显示"模拟运算表和图例项标示"。

B．横坐标轴标题为"金额"，位于横坐标轴下方，纵坐标轴竖排标题为"月份"。

C．图例位置"靠右"，纯色填充"黄色"。

D．数值轴主要刻度单位 150，次要刻度单位 50，次要刻度线类型"外部"。

E．不显示"纵网格线"。

（3）创建"分离型三维饼图"。

① 建立图表。

在 Sheet2 工作表中，根据各系的汇总数据建立"分离型三维饼图"，作为嵌入式图表插入到工作表中。以"系别"为分类轴，统计各系报名人数所占总人数的百分比。

② 图表的编辑和格式化。

A．图表标题为"考试报名汇总图"，格式为楷体、加粗、20 磅、红色，位于图表上方。

B．数据标签仅显示"百分比"，字号 12 磅，位置"居中"。

C．图例位置为"顶部"。

D．图表区域纯色填充"橙色"。

（4）制作数据透视表。

根据 Sheet3 工作表中的数据，制作数据透视表，汇总分配到各使用部门的不同生产厂商的计算机总数，并筛选购进年份为 2008 年和 2010 年的计算机分配情况，结果放在名为"计算机分配情况统计表"的新工作表中。提示：行标签为"使用部门"，列标签为"生产厂商"，数值为"机器数"，报表筛选为"购进年份"。

（5）以原文件名保存文件。

【实验过程】

双击 Excelsc 文件夹下的"数据分析.xlsx"文件，将其打开。

（1）创建"簇状柱形图"。

① 建立图表。

单击 Sheet1 工作表标签，选定数据区域 A2:F4，单击【插入】选项卡→【图表】组→【柱形图】按钮■，在下拉列表中选择【二维柱形图】中的第 1 个图表样式【簇状柱形图】，生成默认图表，如图 4-37 所示。

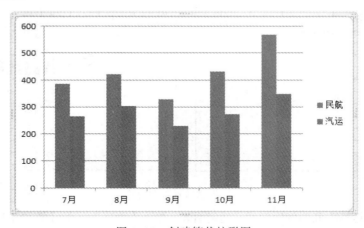

图 4-37　创建簇状柱形图

② 图表的编辑和格式化。

A．设置图表标题：选定图表，单击【图表工具】/【布局】选项卡→【标签】组→【图表标题】按钮■，在下拉列表中选择【图表上方】命令，为新生成的图表插入标题，如图 4-38 所示，将文字"图表标题"修改为"物流公司交易图"，然后将其选定，在【开始】选项卡→【字体】组（或右击标题，在弹出的快捷菜单中选择【字体】命令），设置格式为隶书、加粗、20 磅、蓝色。

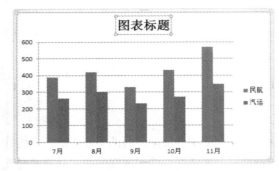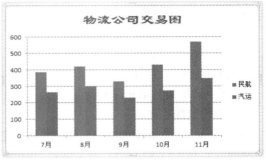

图 4-38　设置图表标题

B．设置图例格式：选定图表，单击【图表工具】/【布局】选项卡→【标签】组→【图例】按钮，在下拉列表中选择【其他图例选项】命令（或右击图表图例，在弹出的快捷菜单中选择【设置图例格式】命令），打开【设置图例格式】对话框，如图 4-39 所示，先选择【图例选项】选项卡，在【图例位置】选项区域选中【靠上】单选按钮，再选择【边框颜色】选项卡，在【边框颜色】选项区域选中【实线】单选按钮，在【颜色】选项区域选择标准色中的"蓝色"，单击【关闭】按钮，完成图例格式设置。

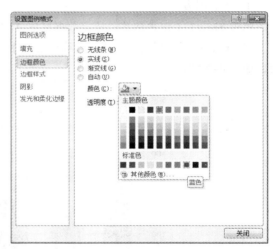

图 4-39　设置图例格式

C．显示模拟运算表和图例项标示：选定图表，单击【图表工具】/【布局】选项卡→【标签】组→【模拟运算表】按钮，在下拉列表中选择【显示模拟运算表和图例项标示】命令，效果如图 4-40 所示。

D．设置图表位置：选定图表，单击【图表工具】/【设计】选项卡→【位置】组→【移动图表】按钮（或右击图表，在弹出的快捷菜单中选择【移动图表】命令），打开【移动图表】对话框，选中【新工作表】单选按钮，在【新工作表】文本框中输入"物流公司交易图"，如图 4-41 所示，单击【确定】按钮，完成图表位置的设置。

在工作表标签区域，拖动"物流公司交易图"工作表标签到 Sheet1 工作表标签右侧，完成移动工作表位置的操作。

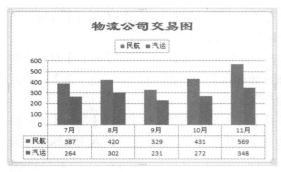

图 4-40　显示模拟运算表和图例项标示　　　　图 4-41　【移动图表】对话框

（2）更改图表类型。

① 建立图表副本。

右击"物流公司交易图"工作表标签，在弹出的快捷菜单中选择【移动或复制】命令，打开【移动或复制工作表】对话框，在【下列选定工作表之前】列表中选择"Sheet2"，并选中【建立副本】复选框，单击【确定】按钮。右击新建立的工作表标签，选择【重命名】命令，输入"物流公司交易新图"，按【Enter】键。

② 更改图表类型。

在"物流公司交易新图"中，选定图表，单击【图表工具】/【设计】选项卡→【类型】组→【更改图表类型】按钮📖（或右击图表，在弹出的快捷菜单中选择【更改图表类型】命令），在打开的【更改图表类型】对话框中选择【条形图】中的第 1 个图表样式【簇状条形图】，单击【确定】按钮，图表由"簇状柱形图"更改为"簇状条形图"，如图 4-42 所示。

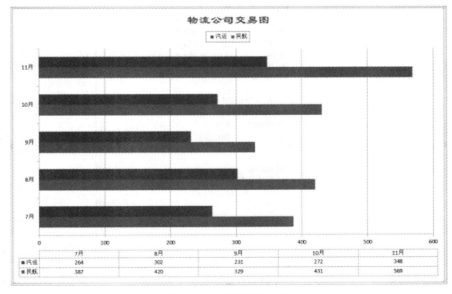

图 4-42　更改图表类型

③ 图表的编辑和格式化。

在"物流公司交易新图"工作表中，进行如下操作：

A．设置不显示模拟运算表和图例项标示：选定图表，单击【图表工具】/【布局】选项卡→【标签】组→【模拟运算表】按钮 ，在下拉列表中选择【无】命令。

B．设置横坐标轴标题：选定图表，单击【图表工具】/【布局】选项卡→【标签】组→【坐标轴标题】按钮 ，在下拉列表中选择【主要横坐标轴标题】→【坐标轴下方标题】命令，插入横坐标轴标题，将文字"坐标轴标题"修改为"金额"。

设置纵坐标轴标题：选定图表，单击【图表工具】/【布局】选项卡→【标签】组→【坐标轴标题】按钮，在下拉列表中选择【主要纵坐标轴标题】→【竖排标题】命令，插入主要纵坐标轴标题，将文字"坐标轴标题"修改为"月份"。

C．设置图例格式：选定图表，单击【图表工具】/【布局】选项卡→【标签】组→【图例】按钮，在下拉列表中选择【其他图例选项】命令，打开【设置图例格式】对话框，先选择【图例选项】选项卡，在【图例位置】选项区域选中【靠右】单选按钮，再选择【填充】选项卡，在【填充】选项区域选中【纯色填充】单选按钮，在【颜色】中选择标准色中的"黄色"，单击【关闭】按钮，完成图例格式设置。

D．设置数值轴格式：选定图表，单击【图表工具】/【布局】选项卡→【坐标轴】组→【坐标轴】按钮 ，在下拉列表中选择【主要横坐标轴】→【其他主要横坐标轴选项】命令（或右击图表横坐标轴，在弹出的快捷菜单中选择【设置坐标轴格式】命令），打开【设置坐标轴格式】对话框，在【坐标轴选项】选项卡中，选中【主要刻度单位】选项区域的【固定】单选按钮，在文本框中输入"150"；再选中【次要刻度单位】选项区域的【固定】单选按钮，在文本框中输入"50"；在【次要刻度线类型】中选择"外部"，如图 4-43 所示，单击【关闭】按钮，完成数值轴格式设置。

图 4-43 【设置坐标轴格式】对话框

E．设置不显示"主要纵网格线"：选定图表，单击【图表工具】/【布局】选项卡→【坐标轴】组→【网格线】按钮 ，在下拉列表中选择【主要纵网格线】→【无】命令。

"物流公司交易新图"效果图如图 4-44 所示。

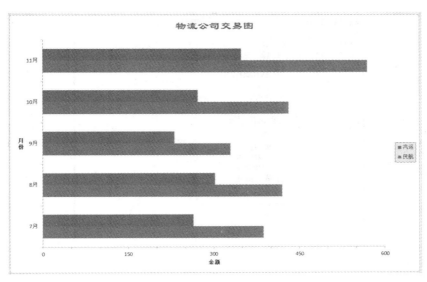

图 4-44　"物流公司交易新图"效果图

（3）创建"分离型三维饼图"。

① 建立图表。

单击 Sheet2 工作表标签，同时选定 A9、A16、A23、A30、D9、D16、D23、D30 单元格，单击【插入】选项卡→【图表】组→【饼图】按钮，在下拉列表中选择【三维饼图】中的第 2 个图表样式【分离型三维饼图】，生成默认图表，如图 4-45 所示。

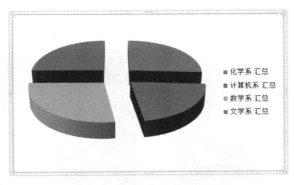

图 4-45　创建分离型三维饼图

② 图表的编辑和格式化。

A. 设置图表标题：选定图表，单击【图表工具】/【布局】选项卡→【标签】组→【图表标题】按钮，在下拉列表中选择【图表上方】命令，将文字"图表标题"修改为"考试报名汇总图"，并将其选定，在【开始】选项卡→【字体】组中设置格式为楷体、加粗、20 磅、红色。

B. 设置数据标签格式：选定图表，单击【图表工具】/【布局】选项卡→【标签】组→【数据标签】按钮，在下拉列表中选择【其他数据标签选项】命令，打开【设置数据标签格式】对话框，在【标签选项】选项卡的【标签包括】选项区域中仅选中【百分比】复选框，并选中【标签位置】选项区域中的【居中】单选按钮，如图 4-46 所示，单击【关闭】按钮。再选定图表中的数字标签，在【开始】选项卡→【字体】组中设置字号为 12。

图 4-46　设置数据标签格式

C. 设置图例格式：选定图表，单击【图表工具】/【布局】选项卡→【标签】组→【图例】按钮，在下拉列表中选择【在顶部显示图例】命令，完成图例位置设置。

D. 设置图表区域填充：选定图表，单击【图表工具】/【格式】选项卡→【形状样式】组→【形状填充】按钮，在下拉列表中选择标准色中的"橙色"。

完成设置后的效果如图 4-47 所示。

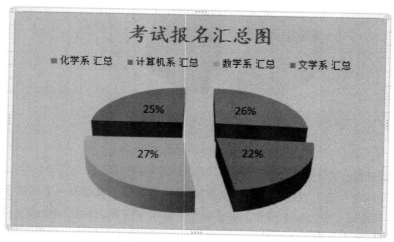

图 4-47　分离型三维饼图效果图

（4）制作数据透视表。

单击 Sheet3 工作表标签，在数据区域中选定任意一个单元格，单击【插入】选项卡→【表格】组→【数据透视表】按钮，打开【创建数据透视表】对话框，在【请选择要分析的数据】选项区域中选中【选择一个表或区域】单选按钮，在【表/区域】文本框中默认数据区域为 A2:D15（也

可以重新选择数据区域，注意需包含标题行），在【选择放置数据透视表的位置】选项区域中选中
【新工作表】单选按钮，如图 4-48 所示，单击【确定】按钮。

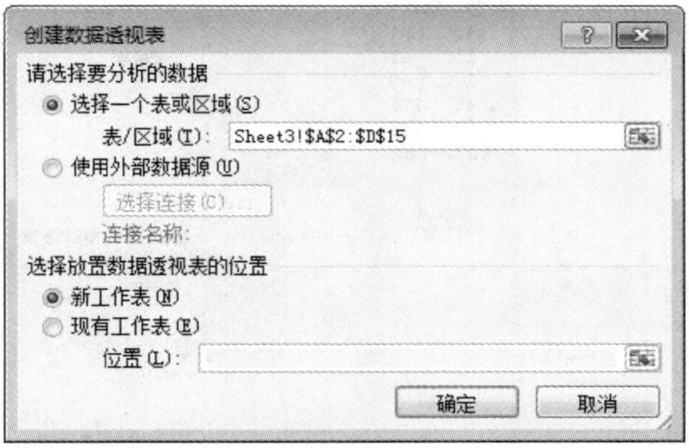

图 4-48　【创建数据透视表】对话框

　　添加字段到数据透视表：在【数据透视表字段列表】窗格的【选择要添加到报表的字段】中，
右击【使用部门】字段，在弹出的快捷菜单中选择【添加到行标签】命令，则该字段被添加到【行
标签】区域（或直接拖动【使用部门】字段到【行标签】区域内），按照同样操作将【生产厂商】
字段添加到【列标签】区域，【机器数】字段添加到【数值】区域（默认值的汇总方式为求和），
【购进年份】字段添加到【报表筛选】区域。添加字段后的样表如图 4-49 所示。

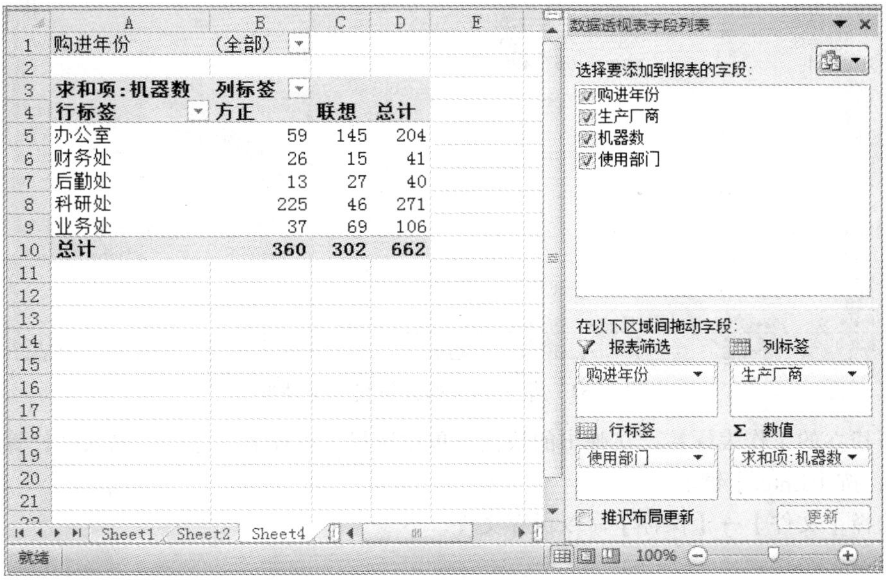

图 4-49　添加字段后的数据透视表

　　筛选"购进年份"字段：在数据透视表区域单击 B1 单元格右侧的下拉按钮，弹出面板，先
选中【选择多项】复选框，然后取消对【全部】复选框的选择，再选中"2008"和"2010"前的
复选框，如图 4-50 所示，最后单击【确定】按钮，筛选出购进年份为 2008 年和 2010 年的计算机
分配情况，如图 4-51 所示。

图 4-50　按"购进年份"字段筛选数据透视表

图 4-51　报表筛选的计算机分配情况

　　右击新建立的工作表标签，在弹出的快捷菜单中选择【重命名】命令，输入"计算机分配情况统计表"，按【Enter】键。

　　（5）选择【文件】→【保存】命令保存文件。

实验 5-1　PowerPoint 2010 演示文稿的基本操作

【实验目的】

（1）掌握 PowerPoint 应用程序的启动和退出。
（2）熟悉幻灯片主题和版式的概念。
（3）了解各种视图方式并掌握不同视图的切换。
（4）掌握 PowerPoint 中幻灯片的基本编辑。
（5）掌握插入各种对象的方法和对象格式的设置。

【实验内容】

（1）启动 PowerPoint 2010，新建一个空白演示文稿。
（2）设置演示文稿主题为"华丽"。
（3）在大纲选项卡中，输入标题"大学新生活"和副标题"用心开启智慧之旅"。
（4）在大纲选项卡中，添加第 2 张幻灯片，录入标题"大学应确保的收获"，内容为"母校文凭""实用技能""独立的人格"和"同学的友情"，每条分行显示。
（5）插入剪贴画并设置格式。参照图 5-1，在第 2 张幻灯片中插入剪贴画。关键词为"靶"，重新着色"紫色，强调文字颜色 2，浅色"。
（6）插入艺术字。参照图 5-1 插入艺术字"走向成功四拼图"，艺术字样式为"渐变填充-粉红，强调文字颜色 1"。
（7）在第 2 张幻灯片中插入素材文件夹中"成功.jpg"图片，将其设置为锁定纵横比，高为 6 厘米。图片位置水平自左上角 7 厘米，垂直自左上角 12 厘米。
（8）插入第 3 张幻灯片，版式为"仅标题"，标题占位符中输入"机电生活三阶段"，文字居中对齐。
（9）插入图形和文本框。参照图 5-2 所示，在第 3 张幻灯片中插入三个高 1.8 厘米、宽 6 厘米的圆角矩形和三个文本框，分别输入样图中文字，圆角矩形从上到下依次命名为"一年级""二年级""三年级"，文本框从上到下依次命名为"文本框 1""文本框 2"和"文本框 3"。
（10）插入新幻灯片，设置背景，插入文本框并复制格式。
① 插入第 4 张幻灯片，版式同第 3 张幻灯片。
② 更改幻灯片背景为素材文件夹中的"背景.jpg"。

③ 插入横排文本框，文字为"预祝大家度过值得骄傲的大学时光！"。

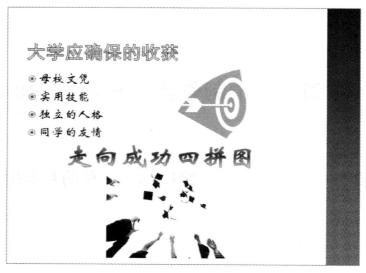

图 5-1　第 2 张幻灯片样图

图 5-2　第 3 张幻灯片样图

④ 使用格式刷将标题的格式复制到文本框，删除标题占位符。

⑤ 设置文本框高度 2 厘米，宽度 21 厘米，位置水平和垂直自左上角均为 1 厘米。

（11）在演示文稿的最后插入素材文件夹"机电生活三阶段.pptx"中的所有幻灯片，应用当前主题。

（12）在幻灯片浏览视图中，将第 4 张幻灯片移动到演示文稿的最后。

（13）插入音频并设置播放选项。

① 在第 1 张幻灯片内插入素材文件夹中的"人生的回转木马.mp3"音频文件。

② 设置插入的音频播放音量为中，放映时隐藏，跨越幻灯片播放，循环播放直到停止。

（14）以文件名"大学新生活-1.pptx"保存演示文稿。

【实验过程】

（1）在 Windows 7 中单击【开始】按钮，选择【所有程序】→【Microsoft Office】→【Microsoft PowerPoint 2010】命令，启动 PowerPoint 2010，将自动新建一个空白演示文稿（或者选择【文件】→【新建】命令，选择中间窗格中的【空白演示文稿】选项，单击右窗格中的【创建】按钮，创建一个新的空白演示文稿）。

（2）单击【设计】选项卡→【主题】组主题列表右下角的⁀按钮，在列表中选择【内置】→【华丽】命令。

（3）单击左窗格中的【大纲】选项卡（若未显示需单击【视图】选项卡→【演示文稿视图】组→【普通视图】按钮），在代表第 1 张幻灯片的小长方形右边输入"大学新生活"，按【Ctrl+Enter】组合键，输入副标题"用心开启智慧之旅"。

（4）按【Ctrl+Enter】组合键，添加一张新的幻灯片，输入标题"大学应确保的收获"；再次按【Ctrl+Enter】组合键输入内容"母校文凭"，按【Enter】键输入"实用技能"，按【Enter】键输入"独立的人格"，按【Enter】键输入"同学的友情"。完成后【大纲】选项卡如图 5-3 所示。

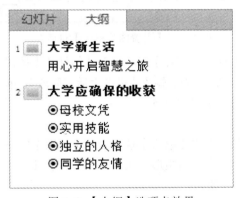

图 5-3　【大纲】选项卡效果

（5）单击【插入】选项卡→【图像】组→【剪贴画】按钮，右侧出现【剪贴画】窗格，在【搜索文字】文本框中输入"靶"，单击【搜索】按钮，出现搜索结果，单击搜索到的剪贴画，将其插入到幻灯片；选中插入的剪贴画，单击【图片工具】/【格式】选项卡→【调整】组→【颜色】按钮，选择【重新着色】→【紫色，强调文字颜色 2，浅色】（第 3 行第 3 个），将剪贴画重新着色，参照样图调整位置。

（6）单击【插入】选项卡→【文本】组→【艺术字】→【渐变填充-粉红，强调文字颜色 1】命令，在艺术字文本框中输入"走向成功的四拼图"，参照样图调整位置。

（7）单击【插入】选项卡→【图像】组→【图片】按钮，打开【插入图片】对话框，选择素材文件夹中的"成功.jpg"，单击【插入】按钮，将图片插入到幻灯片中，在选中图片状态下单击【图片工具】/【格式】选项卡→【大小】组右下角的对话框启动器，打开【设置图片格式】对话框，在【大小】选项卡，设置其锁定纵横比，高 6 厘米；选择【位置】选项卡，【水平】文本框输入"7 厘米"，【垂直】文本框输入"12 厘米"，右侧【自】下拉列表均选择"左上角"，如图 5-4 所示，单击【关闭】按钮。

图 5-4   【设置图片格式】对话框

（8）单击【开始】选项卡→【幻灯片】组→【新建幻灯片】按钮文字部分，选择【仅标题】版式，在幻灯片窗格中单击标题占位符，输入"机电生活三阶段"，单击【开始】选项卡→【段落】组→【居中】按钮，设置标题文字居中对齐。

（9）插入图形和文本框。

单击第 3 张幻灯片空白处，单击【插入】选项卡→【插图】组→【形状】→【矩形】→【圆角矩形】命令，在合适位置绘制个圆角矩形，在【绘图工具】/【格式】选项卡→【大小】组设置圆角矩形高度 1.8 厘米、宽度 6 厘米。

右击插入的圆角矩形，在弹出的快捷菜单中选择【编辑文字】命令，在图形内部输入文字"一年级 试探期"。

选中圆角矩形，按住【Ctrl】键的同时在圆角矩形上按住鼠标左键，向下拖动鼠标，松开鼠标复制一个圆角矩形，同样方法再复制一个圆角矩形；调整最上方和最下方圆角矩形的垂直距离，选中所有圆角矩形，单击【绘图工具】/【格式】选项卡→【排列】组→【对齐】→【左对齐】命令和【对齐】→【纵向分布】命令，参照图 5-2 调整所有圆角矩形的位置并更改圆角矩形中的文字。

选择【开始】选项卡→【编辑】组→【选择】→【选择窗格】命令，打开【选择和可见性】窗格，选中幻灯片中最上面的圆角矩形，在【选择和可见性】窗格中单击灰色底纹覆盖的名称位置，变为可编辑文本框，将内容修改为"一年级"；以同样的方法修改其他两个圆角矩形的名称依次为"二年级"和"三年级"。

参照前面的操作方法插入三个横排文本框，录入对应文字，并根据其在幻灯片中从上到下的顺序依次命名为"文本框 1""文本框 2"和"文本框 3"。修改后【选择和可见性】窗格如图 5-5 所示（注意：【选择和可见性】窗格中的排列顺序是按插入的先后从下至上排列，即后插入的在上方）。完成后效果如图 5-2 所示。

（10）插入新幻灯片，设置幻灯片背景，并插入文本框。

① 在左侧窗格中选择【幻灯片】选项卡，选中第 3 张幻灯片，按【Enter】键，插入一个同第 3 张幻灯片相同版式的新幻灯片。

② 单击【设计】选项卡→【背景】组→【背景样式】→【设置背景格式】命令，打开【设置背景格式】对话框（或者在幻灯片空白处右击，选择【设置背景格式】命令），选择【填充】选项卡，选择【图片或纹理填充】单选按钮，单击【文件】按钮，选择素材文件夹中的"背景.jpg"，如图 5-6 所示，单击【关闭】按钮，完成单张幻灯片背景的设置。

图 5-5 【选择和可见性】窗格

图 5-6 【设置背景格式】对话框

③ 单击【插入】选项卡→【文字】组→【文本框】按钮的文字部分，选择【横排文本框】命令，此时鼠标指针为向下的箭头，在幻灯片空白处单击，在文本框中输入"预祝大家度过值得骄傲的大学时光！"。

④ 单击标题占位符的虚线边框，选中标题占位符，单击【开始】选项卡→【剪贴板】组→【格式刷】按钮，鼠标指针变成格式刷样式，单击文本框，完成格式复制。选中标题占位符，按【Delete】键删除标题占位符。

⑤ 选中文本框，在【绘图工具】/【格式】选项卡→【大小】组中设置高度为 2 厘米，宽度为 21 厘米，单击【绘图工具】/【格式】选项卡→【大小】组中的对话框启动器，打开【设置形状格式】对话框，选择【位置】选项卡，设置自左上角水平和垂直均为 1 厘米。

（11）在左侧【幻灯片】选项卡选中最后一张幻灯片，选择【开始】选项卡→【幻灯片】组→【新建幻灯片】→【重用幻灯片】命令，打开【重用幻灯片】窗格，单击【浏览】按钮，选择【浏览文件】命令，选择素材文件夹中的"机电生活三阶段.pptx"，在【重用幻灯片】窗格中显示文件包含的所有幻灯片的缩略图和标题，从上至下依次单击幻灯片缩略图，插入到当前幻灯片中。

（12）单击【视图】选项卡→【演示文稿视图】组→【幻灯片浏览】按钮，切换到幻灯片浏览视图，拖动第 4 张幻灯片到所有幻灯片之后，释放鼠标，完成幻灯片移动。单击【视图】选项卡

→【演示文稿视图】组→【普通视图】按钮（或再次单击【幻灯片浏览】）返回普通视图。

注意： 在拖动过程中，会有一条竖线随鼠标拖动在各个幻灯片预览图之间移动，表示幻灯片移动的插入点。

（13）插入音频并设置播放选项。

① 选择第 1 张幻灯片，选择【插入】选项卡→【媒体】组→【音频】→【文件中的音频】命令，在打开的对话框中指定要插入的声音文件"人生的回转木马.mp3"，此时幻灯片出现一个喇叭形状的图标和播放控制，如图 5-7 所示。

② 选择【音频工具】/【播放】选项卡→【音频选项】组→【音量】→【中】命令，在【开始】下拉列表框中选择"跨幻灯片播放"，选择【放映时隐藏】和【循环播放，直到停止】复选框，如图 5-8 所示。

图 5-7　插入音频

图 5-8　音频选项

（14）选择【文件】→【保存】命令（或按快捷键【Ctrl+S】），在弹出的【另存为】对话框中选择路径，以文件名"大学新生活-1.pptx"保存演示文稿。

实验 5-2　PowerPoint 2010 幻灯片的效果设置

【实验目的】

（1）掌握动画效果的设置。

（2）掌握超链接的设置。

（3）掌握幻灯片切换的设置。

（4）熟悉幻灯片放映的设置。

【实验内容】

（1）打开实验 5-1 完成的"大学新生活-1.pptx"（或素材中的"大学新生活-1 完成.pptx"）进行编辑。为第 2 张幻灯片中的艺术字应用进入动画效果为"轮子"，效果选项为"2 轮辐图案"。

（2）为第 2 张幻灯片中的图片添加"玩具风车"的进入动画效果，与上一动画同时，持续时间 1 s，并设置下次单击时隐藏。

（3）为第 2 张幻灯片中的艺术字添加第二种动画：强调动画"闪现"，将此动画排序向前移动一位，并设置在上次动画之后延迟 0.25 s 开始。

（4）为第 3 张幻灯片中文本框内文字添加超链接，从上到下依次链接到第 4～7 张幻灯片。

（5）幻灯片切换方式的设置。

① 设置第 1 张幻灯片切换方式为"涡流"，设置自动换片时间 6.5 s 或单击鼠标时。

② 设置第 4～7 张幻灯片切换方式为"时钟"，效果为"楔入"。

③ 设置第 2、3、8 张幻灯片的切换方式为"涟漪"。

（6）将演示文稿另存为"大学新生活–2.pptx"。

【实验过程】

（1）打开实验 5-1 完成的"大学新生活–1.pptx"，选中第 2 张幻灯片中的艺术字，单击【动画】选项卡→【动画】组→【其他】按钮，选择【进入】中的"轮子"动画效果，单击其后的【效果选项】→【2 轮辐图案(2)】，如图 5-9 所示。

图 5-9　快速创建基本动画

（2）选中第 2 张幻灯片中的图片，单击【动画】选项卡→【高级动画】组→【添加动画】按钮，选择【更多进入效果】命令，打开【添加进入效果】对话框，选择【华丽型】中的"玩具风车"，单击【确定】按钮关闭【添加进入效果】对话框；在【计时】组中，【开始】下拉列表框中选择"与上一动画同时"，【持续时间】文本框中输入"1"；单击【动画】组右下角的对话框启动器，在打开的对话框中，选择【效果】选项卡，在【动画播放后】下拉列表框中选择"下次单击后隐藏"，如图 5-10 所示，单击【确定】按钮返回。

（3）选中第 2 张幻灯片中的艺术字，选择【动画】选项卡→【高级动画】组→【添加动画】→【更多强调效果】命令，打开【添加强调效果】对话框，选择【温和型】中的"闪现"，单击【确定】按钮；在【计时】组中，单击【计时】组中的【向前移动】按钮，【开始】下拉列表框中选择"上一动画之后"，【延迟】文本框中输入"0.25"（注意：此处要先【向前移动】再设置【延迟】，否则延迟将改回 0 s）。选择【动画】选项卡【高级动画】组中的【动画窗格】命令，在右侧打开的【动画窗格】中查看动画排序，如图 5-11 所示。

（4）选中第 3 张幻灯片第 1 个文本框内的所有文字，文字内容为"规划大学生活……"（注意是选中文本框内的文字，不是选中文本框），单击【插入】选项卡→【链接】组→【超链接】按钮，打开【插入超链接】对话框，在左侧【链接到】选项区域中单击【本文档中的位置】，在中间窗格中选择"4.一年级——试探期"，单击【确定】按钮，完成超链接设置。同样方法为其他文本框内文字添加对应超链接。

（5）幻灯片切换方式的设置。

① 在左侧的"幻灯片"选项卡中，选中第 1 张幻灯片，单击【切换】选项卡→【切换到此幻灯片】组→【其他】按钮，选择【华丽型】中的【涡流】效果，在【计时】组中的【设置自动换片时间】文本框中输入"6.5"，设置时间后【设置自动换片时间】前的复选框将自动勾选。

图 5-10　【效果】选项卡　　　　　　　　图 5-11　动画窗格

②　在左侧的【幻灯片】选项卡中，选中第 4～7 张幻灯片，设置切换效果为"时钟"，单击【切换到此幻灯片】组→【效果选项】按钮，选择【楔入】命令。

③　以同上方法设置第 2、3、8 张幻灯片的切换方式为"涟漪"。

（6）选择【文件】→【另存为】命令（或按快捷键【Ctrl+Shift+S】），在弹出的【另存为】对话框中选择路径，以文件名"大学新生活-2.pptx"保存演示文稿。

实验 5-3　PowerPoint 2010 的高级操作

【实验目的】

（1）掌握主题的简单修改。

（2）掌握母版的作用及基本编辑。

（3）掌握触发器触发动画的效果设置。

（4）熟悉图表的使用。

（5）掌握路径动画的设置。

【实验内容】

（1）打开实验 5-2 完成的"大学新生活-2.pptx"（或素材中的"大学新生活-2 完成.pptx"），修改主题中超链接颜色为 RGB(130,50,120)，已访问的超链接颜色为 RGB(200,93,93)。

（2）进入幻灯片母版视图并编辑母版。

①　修改标题颜色为"金色，强调文字颜色 4，深色 25%"，加外部右下斜偏移的阴影效果。

②　为标题添加进入动画"弹跳"，与上一动画同时。

③　在"标题和内容版式"右下角插入形状"笑脸"。

④　为"笑脸"添加动作，单击鼠标时超链接到第 3 张幻灯片，鼠标移过时突出显示。

⑤　关闭幻灯片母版视图。

（3）含有触发器的动画设置。

为第 3 张幻灯片中每个文本框添加进入动画"浮入"，通过单击左侧对应的圆角矩形触发动画。

（4）插入新的幻灯片，并插入图表。

① 在第 7 张幻灯片后插入版式为"仅标题"的新幻灯片，标题为"大学生考证状况调查"。

② 插入图表"簇状条形图"，数据如图 5-12 所示。

	A	B
1		系列 1
2	其他	6.31%
3	普通话等级	34.23%
4	计算机等级	49.55%
5	驾驶执照	50.45%
6	各种职业资格	53.15%
7	外语等级	73.87%
8		若要调整图表

图 5-12　图表数据图

③ 设置图表布局为"布局 4"，图表样式为"样式 4"，图例为"无"。

④ 将数据系列格式设置为"依数据点着色"。

⑤ 设置图表位置为：自左上角，水平 2.5 厘米，垂直 5.5 厘米。

（5）路径效果的动画设置。

为最后一张幻灯片文本框添加动画"循环"路径，效果"垂直数字 8"，调整路径使其适应幻灯片高度，持续时间 8 s，自上一动画之后开始，重复直到幻灯片末尾。

（6）以文件名"大学新生活-3.pptx"保存演示文稿。

【实验过程】

（1）打开"大学新生活-2.pptx"。选择【设计】选项卡→【主题】组→【颜色】→【新建主题颜色】命令，打开【新建主题颜色】对话框，单击【主题颜色】选项区域中【超链接】右侧的颜色选择按钮，选择【其他颜色】命令，打开【颜色】对话框，在【自定义】选项卡中设置【颜色模式】为"RGB"，分别设置【红色】、【绿色】、【蓝色】为"130""50""120"，如图 5-13 所示，单击【确定】按钮返回【新建主题颜色】对话框；单击【已访问的超链接】右侧颜色选择按钮，选择【其他颜色】命令，设置颜色为 RGB(200,93,93)，单击【保存】按钮。

图 5-13　新建主题颜色

（2）进入幻灯片母版视图并编辑母版。

① 单击【视图】选项卡→【母版视图】组→【幻灯片母版】按钮，进入【幻灯片母版】视图。单击左侧【幻灯片缩略图】窗格最顶端的"华丽幻灯片母版"，选中幻灯片母版，选中右侧幻灯片中的标题占位符，单击【绘图工具】/【格式】选项卡→【艺术字样式】组→【文本填充】右侧下拉按钮，在下拉列表中选择主题颜色中的"金色，强调文字颜色4，深色25%"，单击【绘图工具】/【格式】选项卡→【艺术字样式】组→【文本效果】按钮，选择【阴影】→【外部】→【右下斜偏移】，为标题添加文本效果。

② 标题占位符选中状态下，单击【动画】选项卡→【动画】组→【其他】按钮，选择【进入】→【弹跳】命令，单击【动画】选项卡→【计时】组→【开始】下拉按钮，选择【与上一动画同时】命令。

③ 单击左侧【幻灯片缩略图】窗格中的板式列表中第三张，选中"标题和内容版式"，选择【插入】选项卡→【插图】组→【形状】→【基本形状】→【笑脸】命令，此时鼠标指针变成十字形状，在幻灯片中单击插入一个笑脸图形，将其拖动到幻灯片右下角，参照图 5-14 调整大小和位置。

图 5-14   插入笑脸图形

④ 选中"笑脸"状态下，单击【插入】选项卡→【链接】组→【动作】命令，打开【动作设置】对话框，在【单击鼠标】选项卡中选择【超链接到】单选按钮，在【超链接到】下拉列表中选择"幻灯片"，在弹出的【超链接到幻灯片】对话框中选择"3. 机电生活三阶段"，单击【确定】按钮返回【动作设置】对话框，选择【鼠标移过】选项卡，勾选【鼠标移过时突出显示】复选框，单击【确定】按钮完成动作设置。

⑤ 单击【幻灯片母版】选项卡→【关闭】组→【关闭母版视图】按钮，关闭幻灯片母版视图返回普通视图。

（3）含有触发器的动画设置。

① 选中第三张幻灯片中的第一个文本框，其中文字为"规划大学生活……"，在【动画】选项卡→【动画】组为其添加进入动画"浮入"，再次选中已添加动画的文本框，双击【动画】选项卡→【高级动画】组→【动画刷】按钮，鼠标指针变为 ，单击其他两个文本框，复制第一个文本框的动画效果。

② 选中第一个文本框，单击【动画】选项卡→【高级动画】组→【触发】按钮，选择【单击】→【一年级】命令，如图 5-15 所示，依次为其他文本框添加对应的触发器。

（4）插入新的幻灯片，并插入图表。

① 选中第 7 张幻灯片，单击【开始】选项卡→【幻灯片】组→【新建幻灯片】按钮文字部分，选择【仅标题】命令插入新幻灯片，在标题占位符内输入"大学生考证状况调查"。

图 5-15　选择触发对象

② 单击【插入】选项卡→【插图】组→【图表】按钮，在打开的【插入图表】对话框中选择【条形图】中的第一个【簇状条形图】，单击【确定】按钮，在弹出的 Excel 窗口中录入 A2:B7 区域数据，然后删除 C 列和 D 列，Excel 中数据如图 5-12 所示，注意蓝色框内为图表的数据区域。完成后关闭 Excel 软件。

③ 选中图表，在【图表工具】/【设计】选项卡→【图表布局】组选择【布局 4】，在【图表样式】组中选择【样式 4】，单击【图表工具】/【布局】选项卡→【标签】组→【图例】按钮，选择【无】命令。

④ 选中图表状态下，在【图表工具】/【布局】选项卡→【当前所选内容】组中单击文本框右侧的下拉按钮，选择"系列"系列 1""，单击【当前所选内容】组→【设置所选内容格式】按钮，打开【设置数据系列格式】对话框，选择【填充】选项卡，选择右侧的【依数据点着色】复选框，单击【关闭】按钮完成设置。

⑤ 选中图表，单击【图表工具】/【格式】选项卡→【大小】组（或者【形状样式】组）右下角的对话框启动器，在打开的【设置图表区格式】对话框中选择【位置】选项卡，设置自左上角，水平 2.5 厘米，垂直 5.5 厘米，单击【关闭】按钮完成图表位置设置。完成后幻灯片效果如图 5-16 所示。

（5）路径效果的动画设置。

选中最后一张幻灯片的文本框，如图 5-17 所示，为文本框添加动画【动作路径】中的"循环"，单击【动画】选项卡→【动画】组→【效果选项】按钮，在下拉列表中选择"垂直数字 8"，选中动画的路径（形状为数字 8 的虚线），将鼠标指针移动到选中的路径下边缘中间白色圆点，鼠标指针变为上下箭头形状，按住鼠标左键向下拖动至幻灯片靠下位置。在【计时】组→【开始】下拉列表中选择"上一动画之后"，并修改【持续时间】为"8"。单击【动画】组右下角的对话框启动器，在打开的对话框中选择【计时】选项卡，设置【重复】为"直到幻灯片末尾"，单击【确定】按钮完成设置。

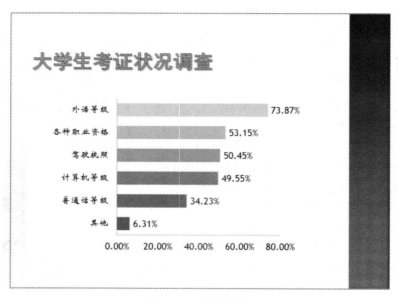

图 5-16　图表效果

图 5-17　动作路径循环

（6）选择【文件】→【另存为】命令（或按快捷键【Ctrl+Shift+S】），在弹出的【另存为】对话框中选择路径，以文件名"大学新生活-3.pptx"保存演示文稿。

第6章 | Internet 及其应用

实验 6-1 Windows 7 IP 地址的配置及网络设置

【实验目的】

（1）了解 Windows 7 操作系统的网络设备。

（2）掌握本地计算机的计算机名、工作组及 IP 地址（IPv4 地址）的配置方法。

【实验内容】

（1）查看网络适配器（网卡）的安装状态和参数配置。

（2）查看本地计算机的 IP 地址（IPv4 地址）。

（3）设置本地计算机名为 pc-PC，所在工作组名称为 WORKGROUP。

【实验过程】

（1）查看网络适配器（网卡）的安装状态和参数配置。

① 右击桌面上【计算机】图标，在弹出的快捷菜单中选择【属性】命令，打开【系统】窗口，单击左侧的【设备管理器】超链接，打开【设备管理器】窗口，如图 6-1 所示。在设备管理器窗口的列表中选择"网络适配器"项目并双击，可查看网卡的安装状态。

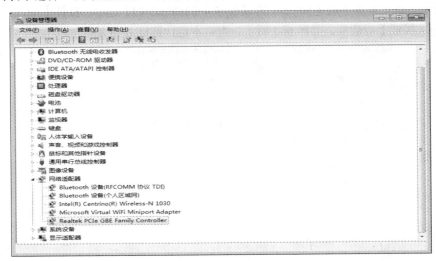

图 6-1 【设备管理器】窗口

② 选择其中的网卡并右击，在弹出的快捷菜单中选择【属性】命令，打开该网卡的属性对话框，如图 6-2 所示，可查看网卡的属性参数配置。

图 6-2 【网卡属性】对话框

③ 选择网卡并右击，在弹出的快捷菜单中选择【更新驱动程序软件】、【禁用】或【卸载】等命令，可实现网卡驱动程序的更新、停用和卸载等操作（注意：第三方软件中的"驱动精灵""360 硬件大师""驱动人生"等工具软件可智能识别计算机硬件以及对硬件驱动进行智能安装、更新等操作，故在此处一般不需要用户操作）。

（2）查看本地计算机的 IPv4 地址。

方法一：右击桌面上的【网络】图标，在弹出的快捷菜单中选择【属性】命令，打开【网络和共享中心】窗口，单击窗口左侧的【更改适配器设置】链接，打开【网络连接】窗口；在当前窗口中，右击【本地连接】图标，在弹出的快捷菜单中选择【属性】命令，如图 6-3 所示，打开【本地连接属性】对话框，在【此连接使用下列项目】列表框中显示了当前计算机安装的网络协议，如图 6-4 所示。双击列表中的【Internet 协议版本 4（TCP/IPv4）】选项，打开【Internet 协议版本 4（TCP/IPv4）属性】对话框，如图 6-5 所示，查看本地计算机 IPv4 地址。

图 6-3 【网络连接】窗口

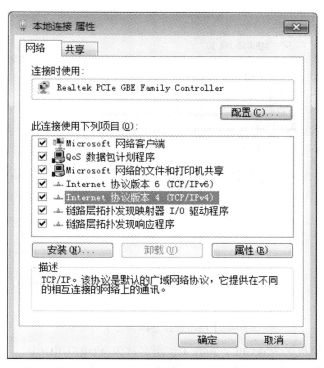

图 6-4　【本地连接属性】对话框

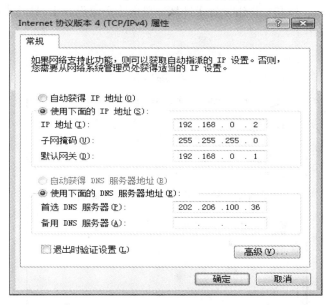

图 6-5　【Internet 协议版本 4（TCP/IPv4）属性】对话框

　　方法二：单击任务栏右下角"网络 Internet 访问"图标，在打开的面板中选择【打开网络和共享中心】超链接，打开【网络和共享中心】窗口，找到【查看活动网络】区域，单击【本地连接】，打开【本地连接状态】对话框，单击【详细信息】按钮，打开【网络连接详细信息】对话框，如图 6-6 所示，在此对话框中可查看本地计算机的 IPv4 地址。

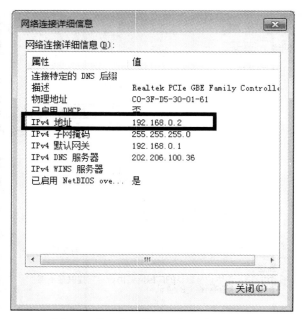

图 6-6 【网络连接详细信息】对话框

（3）设置本地计算机名为 pc-PC，所在工作组名称为 WORKGROUP。

① 右击桌面上的【计算机】图标，在弹出的快捷菜单中选择【属性】命令，打开【系统】窗口，在【计算机名称、域和工作组设置】区域，单击【更改设置】，打开【系统属性】对话框，如图 6-7 所示。

图 6-7 【系统属性】对话框

② 在【计算机名】选项卡下单击【更改】按钮，打开【计算机名/域更改】对话框。在【计算机名】文本框中输入计算机名 pc-PC，在【工作组】文本框中输入工作组名称 WORKGROUP。

需要共享资源的计算机应该拥有相同的工作组名称，如图 6-8 所示。

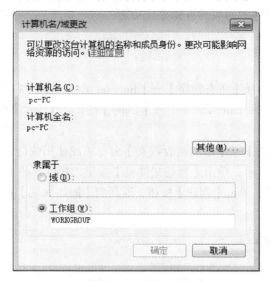

图 6-8 【计算机名/域更改】对话框

③ 单击【确定】按钮，返回【系统属性】对话框，单击【确定】按钮，完成计算机的标识设置，需要重新启动计算机才能使更改生效。

实验 6-2　IE 浏览器的使用

【实验目的】

（1）掌握 IE 浏览器的基本操作。

（2）综合应用 IE 浏览器参数设置。

【实验内容】

（1）打开网页。

打开"天津机电职业技术学院"主页（URL 地址：http://www.suoyuan.com.cn）。

（2）收藏网址。

将"天津机电职业技术学院"主页添加到 IE 浏览器收藏夹中的"常用网址"组，名称为"天津机电职业技术学院"。

（3）保存网页。

在 D 盘根目录下创建"网页"文件夹。将"天津机电职业技术学院"主页保存到"网页"文件夹内。文件名为"机电学院主页.mht"，保存类型为"Web 档案，单个文件（*.mht）"。

（4）下载网页中的图片。

将"天津机电职业技术学院"主页左上角的图片保存到"网页"文件夹下，文件名为"logo.jpg"。

（5）查看"天津机电职业技术学院"网站主页源文件。

（6）将"天津机电职业技术学院"的主页设置为 IE 浏览器的默认主页。

（7）Internet 选项设置。

① 删除 Cookies、临时文件和历史记录，保留收藏夹网站数据。

② 取消表单上的用户名和密码的自动完成功能。

【实验过程】

（1）打开网页。

单击【开始】按钮，选择【所有程序】→【Internet Explorer】，启动 IE 浏览器，在浏览窗口地址栏中输入"http://www.suoyuan.com.cn"，按【Enter】键，打开"天津机电职业技术学院"主页。

（2）收藏网址。

选择菜单栏中【收藏夹】→【添加到收藏夹】命令（或使用快捷键【Ctrl+D】），打开【添加收藏】对话框，如图 6-9 所示，单击【新建文件夹】按钮，在打开的【创建文件夹】对话框中，输入文件夹名"常用网址"，单击【创建】按钮，返回到【添加收藏】对话框，单击【添加】按钮完成收藏网址的操作。

图 6-9 【添加收藏】对话框

（3）保存网页。

在 D 盘根目录下创建"网页"文件夹。在 IE 浏览器窗口中，选择菜单栏中【文件】→【另存为】命令，打开【保存网页】对话框，在地址栏区域选择"网页"文件夹，【文件名】文本框中输入"机电学院主页"，将【保存类型】设置为"Web 档案，单个文件（*.mht）"，单击【保存】按钮进行保存。

（4）下载网页中的图片。

右击"天津机电职业技术学院"主页左上角的图片，在弹出的快捷菜单中选择【图片另存为】命令，打开【保存图片】对话框，在地址栏区域选择"网页"文件夹，在【文件名】文本框中输入"logo"，将【保存类型】设置为"JPEG(*.jpg)"，单击【保存】按钮进行保存。

（5）查看"天津机电职业技术学院"主页源文件。

打开"天津机电职业技术学院"主页，选择菜单栏中的【查看】→【源文件】命令，可查看此网站的源文件。

（6）设置默认主页。

选择菜单栏中的【工具】→【Internet 选项】命令，打开【Internet 选项】对话框，在【常规】选项卡【主页】区域内的文本框中输入 http://www.suoyuan.com.cn（或单击【使用当前页】按钮），如图 6-10 所示，单击【确定】按钮。

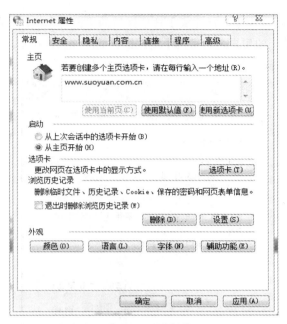

图 6-10　【Internet 选项】对话框

（7）Internet 选项设置。

① 选择菜单栏中的【工具】→【Internet 选项】命令，打开【Internet 选项】对话框，在【常规】选项卡【浏览历史记录】选项区域中，单击【删除】按钮，打开【删除浏览的历史记录】对话框，勾选需要删除项的复选框，如图 6-11 所示，单击【删除】按钮，返回到【Internet 选项】对话框。

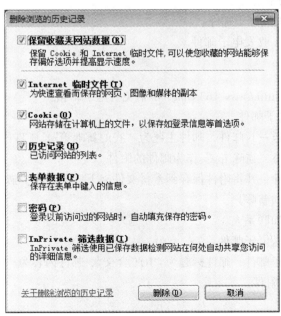

图 6-11　【删除浏览的历史记录】对话框

② 单击【内容】选项卡中【自动完成】选项区域的【设置】按钮，打开【自动完成设置】对话框，取消勾选【表单上的用户名和密码】复选框，如图 6-12 所示，单击【确定】按钮，返回到【Internet 选项】对话框，单击【确定】按钮完成设置。

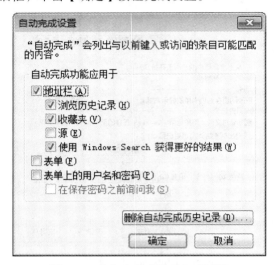

图 6-12 【自动完成设置】对话框

实验 6-3　电子邮件的使用

【实验目的】

（1）掌握电子邮箱的申请方法。

（2）掌握 Web 方式收发电子邮件。

（3）综合应用 Outlook 收发电子邮件。

【实验内容】

（1）在"网易"上（http://www.163.com）申请免费电子邮箱。

（2）Web 方式收发电子邮件。

① 同学之间互相发送一封邮件，邮件主题为"我的新邮箱"，邮件内容为"这是我申请的邮箱，请留存，某某"，并将"猫咪.jpg"作为邮件的附件。

② 查看收到的新邮件，并将附件保存到素材文件夹下，名称为"猫.jpg"。

（3）在 Outlook 中添加新账户。

（4）在 Outlook 中添加联系人。

（5）使用 Outlook 发送电子邮件。

利用 Outlook 发送电子邮件，邮件标题为"IOT 含义"，邮件内容为"Internet of Things"，并将"物联网.jpg"作为邮件的附件。

【实验过程】

（1）在"网易"上申请免费电子邮箱。

　　① 单击【开始】按钮，选择【所有程序】→【Internet Explorer】命令，启动 IE 浏览器，在地址栏中输入 "http://www.163.com"，按【Enter】键打开网易首页。

　　② 单击【注册免费邮箱】超链接，打开注册页面，如图 6-13 所示，按要求填写全部信息。邮件地址的用户名必须在邮件系统中没有重名，注册信息项目前有 "*" 号的表示该项目必须填写（可以注册字母邮箱、手机号码邮箱、VIP 邮箱）。单击【立即注册】按钮，邮箱注册系统开始检查用户注册信息。若填写注册信息正确，系统将注册此用户并进入成功注册页面。

　　（2）Web 方式收发电子邮件。

　　① 登录刚注册的网易邮箱。单击【写信】按钮，切换到写信界面，输入收信人地址，主题"我的新邮箱"，正文内容"这是我申请的邮箱，请留存，某某"，单击【添加附件】超链接，在打开的对话框中选择素材文件夹下的"猫咪.jpg"，单击【打开】按钮，所选的文件添加为邮件的附件（用同样的操作可以为邮件添加多个附件）。单击【发送】按钮，电子邮件将发送到指定的收件人邮箱。

　　② 单击【收信】按钮，切换到收信界面，单击某封邮件的主题即可打开此邮件，查看邮件内容。将鼠标指针移动到所收到的附件文件上，单击【下载】按钮，打开【文件下载】对话框，单击【保存】按钮，打开【另存为】对话框，选择保存位置，【文件名】文本框中输入"猫"，单击【保存】按钮。

图 6-13　"网易"邮箱注册新用户页面

（3）在 Outlook 中添加新账户。

① 单击【开始】按钮，选择【所有程序】→【Microsoft Office】→【Microsoft Outlook 2010】命令，打开【Microsoft Outlook 2010 启动】窗口，单击【下一步】按钮，打开【账户配置】对话框，选中【是】单选按钮，再单击【下一步】按钮，打开【添加新账户】对话框，选中【电子邮件账户】单选按钮，在【您的姓名】文本框中输入姓名，在【电子邮箱地址】文本框中输入电子邮箱地址，在【密码】文本框中输入密码。

② 单击【下一步】按钮，进入联机搜索服务器步骤，自动登录到注册的电子邮件服务器，弹出"是否允许配置服务器设置"提示，选中【允许】单选按钮，即可进行配置。

③ 单击【完成】按钮后可以选择是否设置 Microsoft Outlook 为默认邮件程序，单击【是】按钮，以后将默认使用 Microsoft Outlook 收发邮件。

（4）在 Outlook 中添加联系人。

启动 Microsoft Outlook，单击【开始】选项卡→【新建】组→【新建项目】按钮，在下拉列表中选择【联系人】命令，打开【联系人】管理视图，将接收邮件联系人的资料输入到相对应的文本框中，并单击【保存并关闭】按钮。

（5）使用 Outlook 发送电子邮件。

① 在左侧窗格中选择用于发送电子邮件的账户后，单击【开始】选项卡→【新建】组→【新建电子邮件】按钮，打开【邮件】窗口。

② 在【邮件】窗口中，单击【收件人】按钮，打开【选择姓名：联系人】窗口，双击选择收件人的电子邮件地址，单击【确定】按钮关闭对话框（或在【收件人】文本框中输入收件人的邮箱地址）。在【主题】文本框中输入"IOT 含义"，文本编辑区中输入"Internet of Things"。

③ 单击【邮件】选项卡→【添加】组→【附加文件】按钮，打开【插入文件】对话框，选择素材文件夹下的"物联网.jpg"，单击【插入】按钮，完成邮件编辑，如图 6-14 所示。

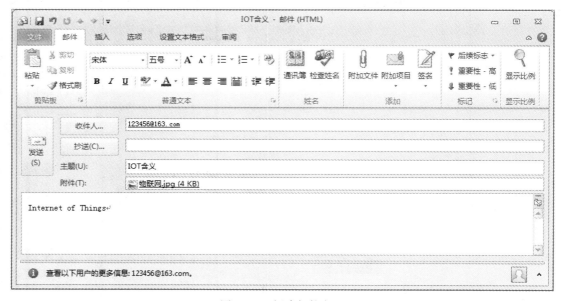

图 6-14　新建邮件窗口

④ 单击【发送】按钮发送邮件，返回到 Microsoft Outlook 操作界面，在界面的下方进度栏可以看到邮件发送的进度（或单击【发送/接收】选项卡→【下载】组→【显示进度】按钮查看发送的进度）。

实验 6-4　FTP 服务器的使用

【实验目的】

（1）掌握使用匿名和用户两种访问方式登录 FTP 服务器的方法。
（2）掌握从 FTP 服务器下载文件的方法。

【实验内容】

FTP 服务器地址：ftp://222.30.226.20。
（1）通过 Web 浏览器匿名方式登录 FTP 服务器，下载"Olympic_Beijing_Pictos.ttf"文件。
（2）通过 Web 浏览器用户方式登录 FTP 服务器，下载"机电校标.jpg"文件。

【实验过程】

（1）通过 Web 浏览器匿名方式登录 FTP 服务器，下载"Olympic_Beijing_Pictos.ttf"文件。

① 双击桌面上的【计算机】图标，打开资源管理器窗口，在地址栏中输入"ftp://222.30.226.20"，按【Enter】键，此时以匿名方式登录 FTP 服务器，如图 6-15 所示。

② 双击打开"FONT_字体"文件夹，右击"Olympic_Beijing_Pictos.ttf"文件，在弹出的快捷菜单中选择【复制到文件夹】命令，打开【浏览文件夹】对话框，选择文件的保存位置，单击【确定】按钮，完成下载文件操作。

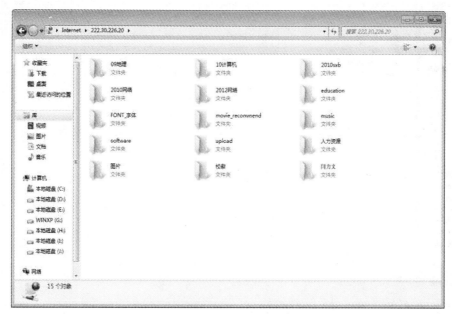

图 6-15　FTP 服务器匿名登录后的界面

（2）通过 Web 浏览器用户方式登录 FTP 服务器，下载"机电校标.jpg"文件。

① 双击桌面上的【计算机】图标，打开资源管理器窗口，在地址栏中输入"ftp://222.30.226.20"，按【Enter】键。右击文件列表区的空白处，在弹出的快捷菜单中选择【登录】命令，打开【登录身份】对话框，输入用户名和密码，如图 6-16 所示，单击【登录】按钮登录 FTP 服务器，如图 6-17 所示。

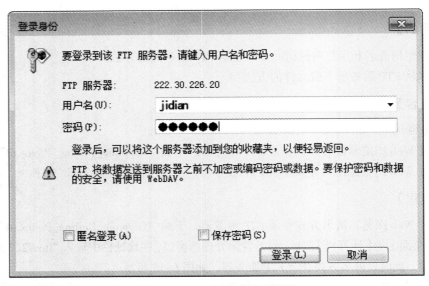

图 6-16　FTP 用户登录对话框

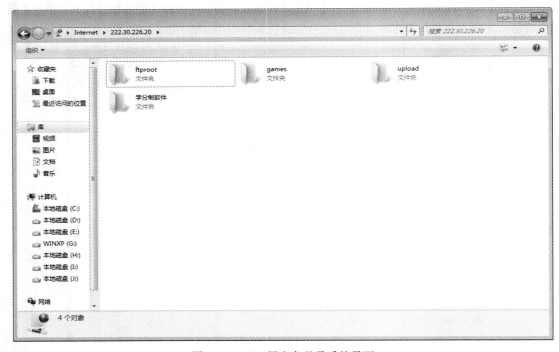

图 6-17　FTP 用户名登录后的界面

② 双击打开 "ftproot" 文件夹，右击 "机电校标.jpg" 文件，在弹出的快捷菜单中选择【复制到文件夹】命令，打开【浏览文件夹】对话框，选择文件的保存位置，单击【确定】按钮。

实验 6-5　搜索引擎与数据检索的使用

【实验目的】

（1）了解常用的搜索引擎分类、作用及其信息传递的特点。
（2）掌握搜索引擎的使用与信息查询。
（3）掌握使用搜索引擎下载软件。
（4）掌握用 "中国知网" 数据检索文章。

【实验内容】

（1）使用搜索引擎获取信息。
① 使用 "百度" 搜索引擎（http://www.baidu.com）查询天津机电职业技术学院的网址。
② 使用 "百度" 搜索引擎查询同时包含 "全国计算机等级考试" 和 "office" 的页面。
③ 使用 "百度" 搜索引擎查询包含 "全国计算机等级考试" 但不包含 "职称" 的页面。
④ 使用 "百度" 搜索引擎的高级搜索功能，搜索清华大学 C 语言教程且网页格式为 "微软 Word(.doc)"。
⑤ 使用 "百度" 网站中的地图功能，查找 "天津机电职业技术学院" 的位置。
（2）使用 "中国知网" 期刊数据库检索关键词包含 "网站开发" 和 "asp" 的文章，预览并下载任意一篇文章。

【实验过程】

（1）使用搜索引擎获取信息。
① 单击【开始】按钮，选择【所有程序】→【Internet Explorer】命令，启动 IE 浏览器，在地址栏中输入 "http://www.baidu.com"，按【Enter】键打开 "百度" 网站主页，在搜索框中输入关键词 "天津机电职业技术学院"，按【Enter】键（或单击右侧的【百度一下】按钮），查找出所有相关信息。
② 打开百度网站主页，在搜索框中输入关键词 "全国计算机等级考试 office"（两词中间有一空格），按【Enter】键搜索出同时包含 "全国计算机等级考试" 和 "office" 的页面。
③ 打开百度网站主页，在搜索框中输入关键词 "全国计算机等级考试 – 职称"（两词中间有一空格，"–" 为减号），按【Enter】键搜索出包含 "全国计算机等级考试" 但不包含 "职称" 的页面。
④ 打开百度网站主页，单击页面右上角的【设置】→【高级搜索】超链接，打开【高级搜索】页面进行设置，在【搜索结果】区域内【包含以下全部的关键词】文本框中输入 "C 语言教程"，【包含以下完整关键词】文本框中输入 "清华大学"，【时间】下拉列表框中选择 "最近一年"，【文档格式】下拉列表框中选择 "微软 Word(.doc)"，如图 6-18 所示，单击【高级搜索】按钮，显示查询结果页面，如图 6-19 所示。

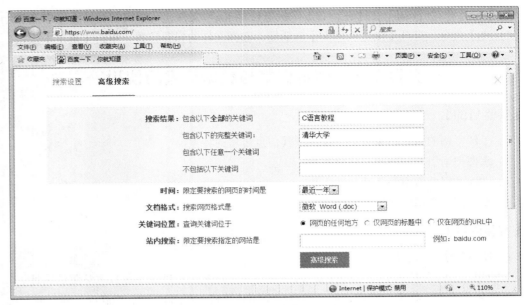

图 6-18 【高级搜索】设置页面

图 6-19 【搜索结果】页面

⑤ 打开百度主页，单击页面右上角的【地图】超链接，打开【百度地图】页面，在搜索框中输入"天津机电职业技术学院"，单击【百度一下】按钮，如图 6-20 所示。

图 6-20 【百度地图】搜索页面

（2）使用"中国知网"数据库搜索关键词为"网站开发 asp"的文章。

启动 IE 浏览器，在地址栏中输入"http://www.cnki.net"，按【Enter】键打开"中国知网"网站首页，单击页面右侧【高级检索】超链接，打开高级检索页面，选择数据库类型为"期刊"，设置检索条件为关键词包含"网站开发"和"asp"，如图 6-21 所示，单击【检索】按钮，完成高级检索。

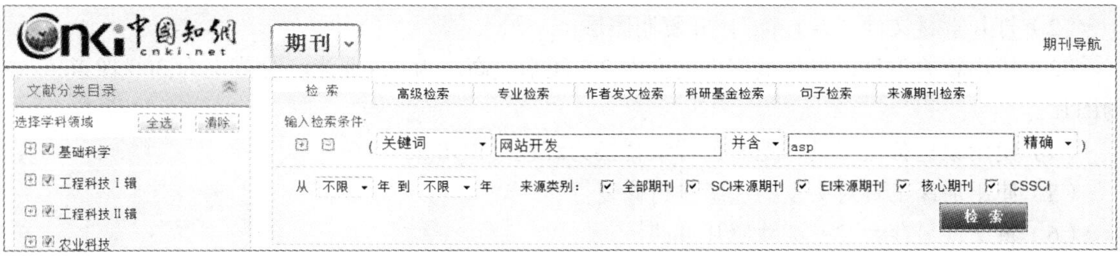

图 6-21 高级检索页面

任选一篇文章，单击右侧的【预览】超链接，进入【期刊在线阅读】页面（需要本地计算机上安装 CAJ 或 PDF 软件），单击页面右上侧的任一格式超链接，下载该文件。

第7章 | 多媒体技术及其应用

实验 7-1　用 Photoshop 制作一英寸照片

【实验目的】

（1）掌握 Photoshop CS5 系统的启动和退出。

（2）熟悉 Photoshop CS5 工作界面。

（3）熟悉打开、裁剪工具、替换颜色、加深工具、减淡工具、复制图层等操作。

【实验内容】

（1）启动 Photoshop CS5 程序。

（2）打开素材文件 "7-1.jpg"，并复制图层。

（3）使用裁剪工具，将其裁剪为宽度为 2.7 厘米、高度为 3.6 厘米、分辨率为 300 像素/英寸的图片。

（4）使用颜色替换工具，把蓝色背景替换为红色（RGB(255,0,0)）。

（5）使用加深工具对头发的边缘进行修复。

（6）将文件另存为 "一英寸照片.jpg"。

【实验过程】

（1）启动 Photoshop CS5 程序。

单击【开始】按钮，选择【所有程序】→【Adobe Photoshop CS5】命令，打开【Adobe Photoshop CS5】窗口。

（2）打开素材文件 "7-1.jpg"，并复制图层。

① 选择【文件】→【打开】命令，在【打开】对话框中选择 "7-1.jpg" 文件，单击【打开】按钮。

② 选择【图层】→【复制图层】命令，打开【复制图层】对话框，单击【确定】按钮。

（3）使用裁剪工具。

选择工具栏中的【裁剪工具】，在【裁剪工具】的选项栏中设置宽度和高度及分辨率，如图 7-1 所示。然后在图片中用鼠标选取需保留的范围，如图 7-2 所示，按【Enter】键确认。

图 7-1　【裁剪选取范围】选项栏

（4）使用颜色替换工具，把蓝色背景替换为红色。

选择【图像】→【调整】→【替换颜色】命令，打开【替换颜色】对话框，如图 7-3 所示，使用【吸管工具】在图片中吸取原背景色，并设置【颜色容差】为"200"，单击【结果】图标，在打开的【选择目标颜色】对话框中设置 RGB(255,0,0)，如图 7-4 所示，单击【确定】按钮。

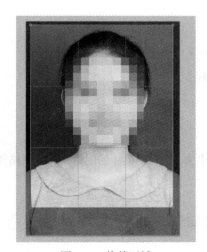

图 7-2 裁剪区域

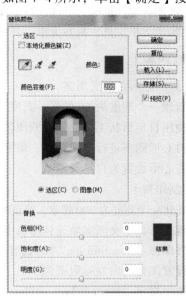

图 7-3 【替换颜色】对话框

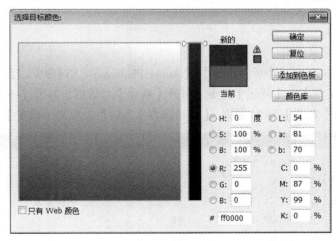

图 7-4 【选择目标颜色】对话框

（5）使用加深工具对头发的边缘进行修复。

单击【加深工具】，按下鼠标左键在头发的边缘进行修复。

（6）将文件另存为"一英寸照片.jpg"。

选择【文件】→【储存为】命令，打开【储存为】对话框，在对话框的【格式】中选择"JPEG"，【文件名】文本框中输入"一英寸照片"，单击【保存】按钮，弹出【JPEG 选项】对话框，单击【确定】按钮。

实验 7-2　用 Photoshop 对图片进行简单处理

【实验目的】

（1）熟悉新建、粘贴、全选、自定义工具路径、存储选区、图层等操作。

（2）熟悉文字工具、画布大小、背景图像、自由变换、图层样式等设置。

【实验内容】

（1）添加心形自定义图案。

① 新建一个宽度为 50 像素、高度为 50 像素、分辨率为 72 像素/英寸的图像文件。

② 使用自定形状工具在新建的图像文件中绘制红心形卡。

③ 对心形图案进行变换选区、填充颜色。

④ 将心形设置为自定义图案。

（2）制作贺卡。

① 新建一个宽度为 300 像素、高度为 200 像素、分辨率为 72 像素/英寸的图像，并绘制路径。

② 将心形自定义图案填充到图像中。

③ 将图像"Beautiful.jpg"贴入到图像中。

④ 设置图像的内发光阻塞为 5%、大小 5 像素，外发光扩展为 19%、大小 38 像素。

⑤ 添加文字"May our love will last forever"。

⑥ 插入图片"Flower.png"及"Villain.png"。

【实验过程】

（1）添加心形自定义图案。

① 单击【开始】按钮，选择【所有程序】→【Adobe Photoshop CS5】命令，打开【Adobe Photoshop CS5】窗口。选择【文件】→【新建】命令，打开【新建】对话框，如图 7-5 所示，设置新建图像文件的【高度】和【宽度】为 50 像素，【背景内容】为白色，单击【确定】按钮。

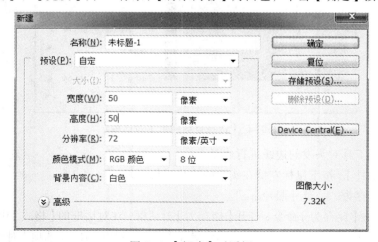

图 7-5 【新建】对话框

② 选择【工具箱】→【自定形状工具】命令，在其工具属性栏中单击【路径】按钮，在【形状】下拉列表框中选择"红心形卡"选项，如图 7-6 所示，同时按住【Shift】键和鼠标左键，在图像编辑窗口中绘制一个心形路径。

图 7-6　【自定形状工具】工具栏

③ 选择【窗口】→【路径】，在调板底部单击【将路径作为选区载入】按钮，将心形路径转换为选区。

选择【选择】→【变换选区】命令，设置旋转值 180 度，如图 7-7 所示，单击【进行变换】按钮。选择【编辑】→【填充】命令，打开【填充】对话框，在【使用】下拉列表框中选择【颜色】，在弹出的对话框中设置颜色为 RGB(255,0,0)，单击【确定】按钮。

图 7-7　【变换选区】工具栏

选择【选择】→【反向】命令反选选区，依次选择【编辑】→【填充】命令，打开【填充】对话框，在【使用】下拉列表框中选择【颜色】，在弹出的对话框中设置颜色为 RGB(0,0,255)填充选区，单击【确定】按钮，效果如图 7-8 所示。

图 7-8　绘制并填充心形路径

④ 先选择【选择】→【取消选择】命令，再选择【编辑】→【定义图案】命令，在打开的【图案名称】对话框中为图案命名为"心形"，单击【确定】按钮。

（2）制作贺卡。

① 新建一个宽度为 300 像素、高度为 200 像素、分辨率为 72 像素/英寸的图像。在图像编辑窗口中绘制心形路径，在【路径】调板底部单击【将路径作为选区载入】按钮，将路径转换为选区。选择【选择】→【存储选区】命令，将选区存储为 Alpha1 通道。

② 选择【选择】→【反向】命令反选选区，在【图层】调板中新建一个"图层 1"，选择【编辑】→【填充】命令，打开【填充】对话框，选择【使用】为"图案"，在【自定图案】列表中选择前面定义的图案"心形"，如图 7-9 所示，单击【确定】按钮进行填充。

③ 按住【Ctrl】键的同时单击 Alpha1 通道，载入该通道中的选区，打开素材文件"Beautiful.jpg"，全选并复制图像，然后切换到原图像编辑窗口中，选择【编辑】→【选择性粘贴】→【贴入】命令粘贴图像。

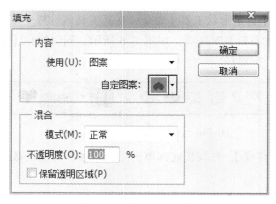

图 7-9 【填充】对话框

④ 贴入图像后，在【图层】调板中自动生成"图层 2"，单击【图层】调板底部的【添加图层样式】按钮，在弹出的下拉菜单中选择【外发光】命令，打开【图层样式】对话框，设置【扩展】为"19%"，【大小】为"38"像素；再选择【内发光】命令，设置【阻塞】为"5%"，【大小】为"5"像素，单击【确定】按钮。

⑤ 选择【横排文字工具】，在人物图像的下方输入文字"May our love will last forever"，并参照样图进行相应的设置。

⑥ 按【Ctrl+O】组合键，打开两幅素材图像"Flower.png"及"Villain.png"，利用【移动工具】将其拖动至原图像编辑窗口中，并调整其位置及大小，最终效果如图 7-10 所示。

图 7-10 效果图

实验 7-3 视频观看与浏览图片

【实验目的】

（1）掌握暴风影音在线观看视频。

（2）掌握暴风影音本地播放。

（3）熟悉 ACDSee 浏览图像。

（4）掌握 ACDSee 定位到浏览图像的文件夹。

（5）掌握 ACDSee 切换浏览方式。

【实验内容】

（1）启动暴风影音，设置工作界面。

（2）添加本地视频及在线视频。

（3）截取视频屏幕。

（4）清空播放视频列表。

（5）使用 ACDSee 浏览图片，并熟悉各项功能。

【实验过程】

（1）启动暴风影音，设置工作界面。

单击【开始】按钮，选择【所有程序】→【暴风软件】→【暴风影音】→【暴风影音 5】命令，打开的界面如图 7-11 所示。

图 7-11 【暴风影音】界面

（2）添加本地视频及在线视频。

① 选择左上角的【暴风影音】→【文件】→【打开文件】命令，如图 7-12 所示，再选择所需打开的视频文件，单击【打开】按钮。

② 在右侧窗口【在线影视】区域内的搜索框中输入"雪豹"，单击【查询】按钮，在搜索结果中选中"雪豹"，双击【全部播放】按钮。

（3）截取视频屏幕。

选择【工具箱】→【截图】命令，可进行视屏截图。

（4）清空播放视频列表。

选择【正在播放】→【清空播放列表】命令。

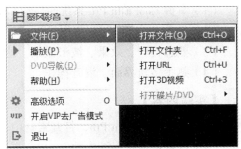

图 7-12 【文件】菜单

（5）使用 ACDSee 浏览图片，并熟悉各项功能。

单击【开始】按钮，选择【所有程序】→【ACD Systems】→【ACDSee 5.0】命令，启动 ACDSee 5.0，依次单击左边【文件夹】窗格中的【计算机】→【用户】→【公用】→【公用图片】→【示例图片】链接，浏览该文件夹中的图片，如图 7-13 所示，双击其中的某一张图片，用大图的方式查看。

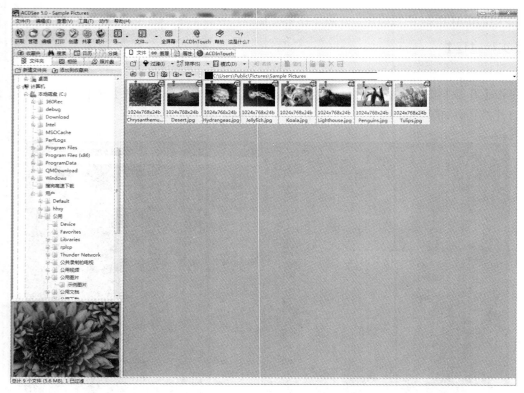

图 7-13　ACDSee 浏览图片

实验 7-4　声音的处理

【实验目的】

（1）掌握 Cool Edit Pro 系统的启动和退出。

（2）熟悉 Cool Edit Pro 工作界面。

（3）熟悉打开、效果、波形振幅、滤波器、参数均衡器、声道重混缩等操作。

（4）熟悉多轨界面、混音操作。

【实验内容】

（1）启动 Cool Edit Pro，打开素材中"存在.mp3"音频文件。

（2）设置声道重混缩参数。

（3）设置参数均衡器的参数。

（4）合并音轨并另存为"存在伴奏.mp3"文件。

【实验过程】

（1）启动 Cool Edit Pro，打开素材中"存在.mp3"音频文件。

启动 Cool Edit Pro，选择【文件】→【打开】命令，在对话框中选择素材"存在.mp3"。

（2）设置声道重混缩参数。

进入波形编辑界面，选择【编辑】→【选取全部波形】命令，选择【效果】→【波形振幅】
→【声道重混缩】命令，在【声道重混缩】对话框中设置图 7-14 所示的参数，单击【确定】按
钮。

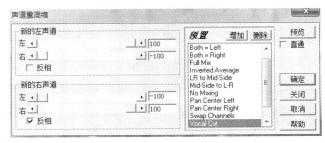

图 7-14 【声道重混缩】对话框

（3）设置参数均衡器的参数。

选择【效果】→【滤波器】→【参数均衡器】命令，打开【参数均衡器】对话框。各项参数
调整如图 7-15 所示，单击【确定】按钮。

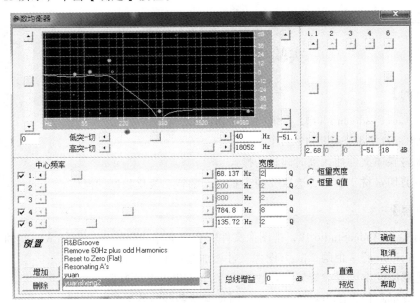

图 7-15 【参数均衡器】对话框 1

（4）合并音轨并另存为"存在伴奏.mp3"文件。

① 在波形的任意处右击，在弹出的快捷菜单中选择【插入到多轨中】命令。

　　② 打开"存在.mp3"文件，选择【编辑】→【选取全部波形】命令，再次打开【参数均衡器】对话框，设置参数如图 7-16 所示，单击【确定】按钮。

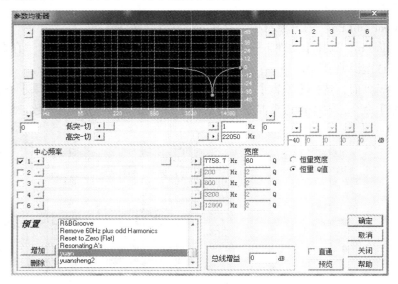

图 7-16　【参数均衡器】对话框 2

　　③ 再次在波形的任意处右击，在弹出的快捷菜单中选择【插入到多轨中】命令。

　　④ 按住鼠标右键不放可拖放波形音块，调整上下轨道时间上重合。然后选择【文件】→【混缩另存为】命令，在打开的对话框中设置 MP3 格式，重命名为"存在伴奏"，单击【确定】按钮保存。

实验 7-5　视频的处理

【实验目的】

（1）掌握 Corel VideoStudio 12 系统的启动和退出。

（2）熟悉 Corel VideoStudio 12 工作界面。

（3）掌握将媒体文件插入到时间轴的操作。

（4）掌握剪切素材、效果、遮罩、同步素材、翻转、淡化程度的操作。

【实验内容】

（1）启动 Corel VideoStudio 12，把图像文件"企鹅.jpg""企鹅 2.jpg"插入时间轴当中。

（2）为"企鹅.jpg""企鹅 2.jpg"图像文件添加遮罩 E 效果。

（3）在遮罩属性中设置"旋转"参数为 360，"淡化程度"参数为 8。

（4）设置遮罩路径属性为对角，并添加同步素材和翻转效果。

（5）将文件"翻转效果.vsp"进行成批转换，生成"翻转效果.flv"视频文件。

【实验过程】

（1）启动 Corel VideoStudio 12，把图像文件"企鹅.jpg""企鹅 2.jpg"插入时间轴中。

① 单击【开始】按钮，选择【所有程序】→【Corel VideoStudio 12】→【Corel VideoStudio 12】命令，将工作界面切换到【故事板视图】，如图 7-17 所示。

图 7-17　【故事板视图】界面

② 单击【将媒体文件插入到时间轴】按钮，弹出列表框，如图 7-18 所示，选择【插入图像】命令，在打开的对话框中选择图像"企鹅.jpg""企鹅 2.jpg"后，单击【打开】按钮。

（2）为"企鹅.jpg"、"企鹅 2.jpg"图像文件添加遮罩 E 效果。

① 切换到【效果】编辑界面，单击【画廊】右侧下拉按钮，弹出下拉列表，选择【遮罩】命令，如图 7-19 所示。

图 7-18　【将媒体文件插入到时间轴】列表框　　　　图 7-19　画廊列表

② 打开【遮罩】转场库后，选择【遮罩 E】转场效果。

③ 将【遮罩 E】转场效果拖至时间轴两个素材文件之间，释放鼠标，完成为素材添加转场效果的操作，如图 7-20 所示。

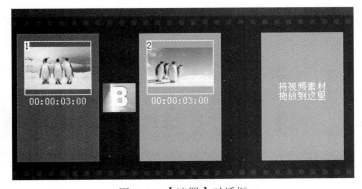

图 7-20　【遮罩】对话框

（3）在遮罩属性中设置"旋转"参数为 360，"淡化程度"参数为 8。

添加转场效果后，单击选项面板中的【自定义】按钮，打开【遮罩–遮罩 E】对话框，在【遮罩–遮罩 E】对话框中设置【旋转】参数为 360，【淡化程度】参数为 8。

（4）设置遮罩路径属性为对角，并添加同步素材和翻转效果。

单击【路径】右侧下拉按钮，在弹出的下拉列表中，选择【对角】命令，在打开的对话框中勾选【同步素材】与【翻转】复选框，单击【确定】按钮，返回编辑界面，单击【捕获】窗口下方的【播放】按钮，查看播放效果。

（5）将文件"翻转效果.vsp"进行成批转换，生成"翻转效果.flv"视频文件。

选择【成批转换】命令，打开【成批转换】对话框，如图 7-21 所示，单击【添加】按钮，打开【打开视频文件】对话框，选择"翻转效果.vsp"文件，单击【打开】按钮，返回到【成批转换】对话框，选择保存类型为"FLASH 文件（*.flv）"，单击【转换】按钮完成转换。

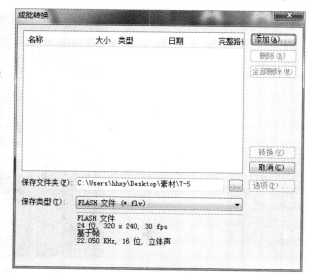

图 7-21 【成批转换】对话框